YouTube
集客の王道
Attract customers

売上に直結する「投稿」の
基本と実践　川﨑實智郎・リンクアップ［著］

技術評論社

はじめに

　こんにちは！　株式会社ウェブデモの、川﨑實智郎です。本書を手に取っていただき、誠にありがとうございます。

　本書は主に、中小企業の経営者や個人事業主の方々を対象にしています。とりわけ「自分たちのサービスや商品をどうやって知ってもらうか」、あるいは「YouTube をいかにビジネスに役立てるか」という課題をお持ちの方に読んでもらいたい一冊です。

　当社は2003年より、マニュアルを動画にしてわかりやすく解説する「動画マニュアル」を提唱してまいりました。情報を直感的に伝えるという点において、動画は最適なツールであるからです。しかし、いくらわかりやすく有益なコンテンツを作っても、ユーザーに届かなければ意味がありません。いかに多くの視聴者に動画を届けられるかという点が、何より大きな課題でした。

　それを解決してくれたのが、YouTube です。当社は2009年よりYouTube チャンネルを開設し、Webサイトや SNS以上に YouTube からの情報発信と集客に力を注ぐことで、ビジネスを軌道に乗せることができました。

　そんな YouTube の発展ぶりは、ご存じの通りでしょう。動画を使ったマーケティングを考えるうえで、YouTube 抜きなどあり得ません。いまや大手テレビ局のチャンネルと同等に、第三のメディアとして利用されている存在なのです。

　にもかかわらず、多くの中小企業では未だに YouTube の有効活用ができていません。また動画に過度の期待を抱き、多額の予算をかけて失敗している例も多く見られます。しかし、YouTube の有効な活用方法さえ学べば、これからのビジネスにおいて、規模の大小を問わず大きなチャンスがあるのです。

　ぜひ、皆様のビジネスにおいて本書が一助になれば幸いです。

2019年11月

川﨑實智郎

YouTube 集客の王道 目次

YouTube 集客の基本

Section01	YouTube 集客のメリット	10
Section02	動画投稿の狙い① 新規顧客を増やす	12
Section03	動画投稿の狙い② 既存顧客を囲い込む	14
Section04	ほかの Web 集客との使い分け	16
Section05	売上は自社サイトから生み出す	18
Section06	YouTube のアカウントを作成する	20
Section07	チャンネルのしくみを知る	23
Section08	チャンネルを作成する	25
Section09	チャンネルを表示する	28
Section10	アカウントを認証する	29

集客につながる動画を作成する

Section11	動画づくりに必要な機材とツール	32
Section12	動画のターゲットと内容を考える	34
Section13	動画の必須要素①「フック」で離脱を防ぐ	40
Section14	動画の必須要素②「マニュアル」で信頼を生む	42
Section15	動画の必須要素③「共感」でコミュニティをつくる	44
Section16	シナリオの王道パターン	46
Section17	やってはいけない！ NG 事項を知る	48
Section18	撮影の基本を知る	50
Section19	編集のコツ① 動画の「長さ」を意識する	54

4

Section20	編集のコツ② 切り替え効果の使い方	56
Section21	編集のコツ③ 字幕の使い方	58
Section22	編集のコツ④ BGMの使い方	60
Section23	成功した動画のポイントを学ぶ	62

COLUMN　ダメな動画になってない？　チェックリスト

YouTubeに動画を投稿する

Section24	投稿を継続する工夫	66
Section25	投稿の手順と制限を知る	70
Section26	YouTube Studioを表示する	72
Section27	動画をアップロードする	74
Section28	投稿動画の情報を編集する	76
Section29	タイトルと説明文の考え方	78
Section30	タグとハッシュタグでSEOを強化する	80
Section31	目を引くサムネイルを作成する	82
Section32	カードで別の動画に誘導する	87
Section33	終了画面で別の動画に誘導する	90
Section34	ブランディングを設定する	94
Section35	公開範囲と公開予約の設定方法	98
Section36	コメントと評価数の設定方法	100
Section37	ライブ配信でセミナーを開催する	102

チャンネルで顧客を囲い込む

Section38	チャンネルを整備する重要性	106
Section39	カスタマイズの準備をする	108
Section40	チャンネルアートを設定する	110
Section41	プロフィールアイコンを設定する	112
Section42	説明文とメールアドレスを設定する	114
Section43	再生リストのしくみと活用方法を知る	116
Section44	チャンネルの紹介動画を配置する	118
Section45	人気動画の一覧をトップに配置する	120
Section46	シリーズ化した動画をトップに配置する	122
Section47	動画内にチャンネル登録の導線をつくる	123

COLUMN
炎上対策をする

自社サイトやSNSと連携して売上につなげる

Section48	「集客」を「売上」につなげるために	126
Section49	動画に自社サイトへのリンクを貼る	128
Section50	チャンネルに自社サイトへのリンクを貼る	130
Section51	ブログ内に動画のリンクを貼る	132
Section52	自社サイトでチャンネルを宣伝する	134
Section53	TwitterやFacebook、メルマガで動画を紹介する	136
Section54	YouTube広告で自社商品を宣伝する	138

COLUMN
QRコードを活用する

情報分析でYouTubeの運用を改善する

Section55	YouTubeアナリティクスとは？	142
Section56	YouTubeアナリティクスの基本操作	144
Section57	各レポート画面の要点を把握する	148
Section58	動画への流入経路を調べる	152
Section59	動画が最後まで見られているか調べる	154
Section60	人気の動画を調べる	156
Section61	ユーザーの属性を調べる	158
Section62	カードと終了画面の効果を調べる	161

COLUMN　クリエイターズアカデミーを活用しよう

スマホからYouTubeを管理する

Section63	YouTube Studioアプリを準備する	166
Section64	YouTubeアナリティクスを確認する	168
Section65	コメントを管理する	170
Section66	再生リストを管理する	172
Section67	出先で投稿動画の情報を編集する	174

付録

YouTube 動画の収益化

Section68	動画から広告収入を得るしくみ	178
Section69	収益化の条件と禁止事項を知る	180
Section70	収益化を設定する	182
Section71	収益の状況を確認する	187

COLUMN

広告収益が発生するまでにどれくらいかかる？

索引 190

■『ご注意』ご購入・ご利用の前に必ずお読みください

本書に記載された内容は、情報の提供のみを目的としています。したがって、本書を参考にした運用は、必ずご自身の責任と判断において行ってください。本書の情報に基づいた運用の結果、想定した通りの成果が得られなかったり、損害が発生しても弊社および著者はいかなる責任も負いません。

本書に記載されている情報は、特に断りがない限り、2019 年 10 月時点での情報に基づいています。ご利用時には変更されている場合がありますので、ご注意ください。

本書は、著作権法上の保護を受けています。本書の一部あるいは全部について、いかなる方法においても無断で複写、複製することは禁じられています。

本文中に記載されている会社名、製品名などは、すべて関係各社の商標または登録商標、商品名です。なお、本文中には ™ マーク、® マークは記載しておりません。

第 **1** 章

YouTube集客の基本

Section01	YouTube 集客のメリット
Section02	動画投稿の狙い① 新規顧客を増やす
Section03	動画投稿の狙い② 既存顧客を囲い込む
Section04	ほかの Web 集客との使い分け
Section05	売上は自社サイトから生み出す
Section06	YouTube のアカウントを作成する
Section07	チャンネルのしくみを知る
Section08	チャンネルを作成する
Section09	チャンネルを表示する
Section10	アカウントを認証する

第1章 YouTube集客の基本

01 YouTube集客のメリット

世界最大の動画共有サービスである **YouTube** を知らない人は、いないといってよいでしょう。しかし、商品やサービスを宣伝し、集客につなげる手段として非常に有効であることは、意外と知られていません。ここでは、**YouTube を集客に使うメリット**を解説します。

1 圧倒的なユーザー数が集客に魅力

YouTubeは2005年に公開された、世界最大の動画共有サービスです。2019年現在、毎月19億人が利用し、1日あたりの総動画視聴時間は約10億時間にものぼります。日本でも群を抜いた知名度を誇り、**18〜64歳のネット人口の82％が視聴**しています。この**膨大な人々に対して自社の商品やサービスをアピールできる**こと、それこそが、YouTubeを集客に使うことの圧倒的な魅力です。

2020年から商用化される新しい通信規格「**5G**」も、YouTubeにとって追い風となるでしょう。インターネット上のトラフィック（送受信される情報）の80％以上が動画で占められるともいわれていますが、5Gによって回線速度が格段に速くなり、動画の投稿・視聴がよりスムーズになるからです。こうした背景から考えても、YouTubeを集客に利用しない手はないでしょう。

圧倒的な数のユーザーがYouTubeの動画を視聴しています。そのうち70％以上は、スマートフォンからの視聴です。

2 動画だから直感的に訴求できる

　ホームページやブログは依然として重要な集客ツールですが、情報を伝えるには、文字や画像が中心になってきます。一方、YouTubeでは動画が主体です。動画には、たとえば文字だけでは伝えきれない「商品の使い方」などを、視聴することで**直感的に理解してもらえる**というメリットがあります。また、「**投稿者の人柄**」や「**商品に込めた想い**」を伝えるのにも向いているでしょう。動画で情報を提供することで、今まで縁のなかった顧客とつながることができるようになるのです。

商品やサービスを提供している人の、表情やアクションといった動的な情報を伝えることができます。

3 メンテナンスがいらない

　一般的に、自社商品を訴求するためのWebサイト運営には、ドメインやサーバーの管理といった手間がかかります。また、その多くは有料です。しかしYouTubeであればそのような手間はなく、**かんたんな手順で自分だけの動画管理ページ（チャンネル）を設定することができます**。基本的に無料で使用できることも魅力です。

YouTubeは、サーバーなどのわずらわしいメンテナンスをすることなく、無料で利用できます。

第1章 YouTube集客の基本

02 動画投稿の狙い①
新規顧客を増やす

動画の投稿においては、目的の明確化が大切です。まず主要な目的として挙げられるのが「新規顧客を増やす」ことです。ここでは、そのために必要なアプローチを解説していきます。

1 不安心理を解消する情報発信

　ある製品やサービスを購入する可能性のある人のことを「**見込み客**」と呼びます。YouTube集客でぜひとも実現したいのは、より多くの見込み客に自分の動画を見てもらい、新規顧客になってもらうことでしょう。では、そのためにどうすればよいのでしょうか？　それは、**彼らの不安心理を解消してあげること**です。「その商品を買って損をしないか？」と、消費者は不安を抱えています。動画投稿を通じてこの不安心理を解消してあげられるかどうかが、集客につなげられるかどうかに直結するのです。

　実際にどのような不安を抱えているかは、自分の展開する商品やサービスの名称をYouTube内で検索し、サジェスト機能によるキーワード候補などをチェックしてみるとかんたんに確認できます。また、**身近な顧客や友人に直接聞いてみること**もおすすめです。そこで得られる「生の情報」は、不安心理を知るうえで非常に頼りになるからです。

商品を買っても損をしない理由をうまく説明できれば、見込み客の不安が解消されて集客につながります。

2 検索されやすいキーワードを設定する

　新規顧客を増やすための第一歩は、なんといっても自分の動画を見つけてもらうことです。YouTubeはGoogleの傘下であるためか、**YouTubeに動画をアップするだけでGoogleの検索結果の上位に表示されやすくなる**という利点があります。ニールセンデジタルの2018年の調査によると、日本人の約53%は検索エンジンにGoogleを利用しています。そのため、Googleの検索結果の上位に表示されやすくなることは大きなメリットです。ここで大切なのは、**検索されやすいキーワードを選定すること**です。サジェスト機能によるキーワード候補や、顧客・知人へのヒアリングの結果から、最適と思われるキーワードを選んで、動画に設定しましょう。

動画に設定するキーワードは、サジェスト機能のキーワード候補や顧客などへのヒアリング結果を参考にしましょう。

3 自身が何者なのか認知してもらう

　検索によって動画までたどり着いてもらう導線が確保できたら、次は**認知**です。新規顧客に対し、動画を通してあなたの会社やサービス、あるいはあなた自身を知ってもらうことが大切になります。その際、どのような動画づくりを心がけると効果的かは、第2章で解説していきます。

会社やサービスなど、自身についてアピールすることを意識した動画づくりが大切です。

第1章 YouTube集客の基本

03 動画投稿の狙い②　既存顧客を囲い込む

動画投稿にあたっては、すでに自分の商品やサービスの顧客になっている人たちを「他社に流出させない」ことも念頭に置かなくてはなりません。そのためここでは、既存顧客を囲い込み、つながりを強固にしていく方法を紹介します。

1 ブランドイメージを強化する

　既存顧客にとって、現状のあなたの商品やサービスが、ある程度「ブランド」として信頼に値するものであることは間違いないでしょう。YouTubeは、そのようなブランドイメージの強化にも有効です。

　たとえば、あなたの商品が何らかの調味料だったとします。この場合、ブランドイメージの強化のためにふさわしい動画の内容は、「**その調味料のおいしさを知り尽くしているあなただからこそ提案できる、料理のレシピ**」です。さまざまなバリエーションのレシピを動画にして投稿すれば、顧客は今まで知らなかった調味料の世界を体験でき、商品への愛着も深まっていきます。このように、顧客の知らないことを教え、新しい発見や成功体験をもたらすことも、YouTubeならかんたんに実現することができるのです。

　なお、既存顧客とつながり続けるために役立つのが「チャンネル」という機能です。詳しくは第4章で解説します。

顧客が知らない商品・サービスの強みを発信すれば、既存顧客の囲い込みにつながります。

2 既存顧客の囲い込みがもたらすメリット

　商品やサービスにまつわる独自の魅力を発信し、既存顧客を囲い込むことには、いくつものメリットがあります。第一に、**既存顧客による動画の拡散**です。YouTubeの動画リンクはクリック1つでTwitterやFacebookといったSNSに投稿が可能なので、そこから口コミ的に広がっていくケースが多々あるのです。ここでのポイントは、**シェアしたくなる情報を盛り込むこと**です。前ページで解説した「調味料を訴求するためのレシピ」に関する動画を投稿することは、そのよい例といえるでしょう。

　また、視聴者が増えれば、その動画コンテンツは検索結果の上位に表示されるようになっていきます。**上位に表示されるということは、それだけ新規顧客のアクセスも見込めるようになる**ということなのです。

　つまり、既存顧客を囲い込む目的であっても、新規顧客に向けた「自社の商品・サービスを認知してもらう」動画づくりも大切になります。とはいえ、調味料などの食品系では、両者の視聴者層がはっきりと分かれないこともあります。新規顧客と既存顧客で分かれやすいのはサービス系で、サービスそのものを紹介する動画（新規顧客向け）と、サービスを受けたあとのアフターケアについての動画（既存顧客向け）などがその代表例です。

既存顧客に向けると同時に、新規顧客にも向けた動画づくりを意識すると効果的です。

第1章 YouTube集客の基本

04 ほかのWeb集客との使い分け

YouTubeをはじめとするWeb集客は、顧客を自社サイトに誘導し、商品やサービスを購入してもらうことを目的としていますが、それぞれ特徴が異なります。ほかのWeb集客と比較しながら、YouTubeによる集客の特徴を確認していきましょう。

1 「サテライト」としてのYouTube

　自社サイトは、あなたのサービスを伝えるためのいわば「**母艦**」です。購入窓口、問い合わせ先、商品の説明やあなたのプロフィールなど、必要な情報はここにすべてまとめられています。YouTubeをはじめとしたコンテンツは、いずれもこの母艦へ誘導するための「**サテライト**」と見なしましょう。

　サテライトの役割はWebサービスごとにさまざまです。たとえば、Facebookは友人や知人、関係者に情報を伝えるという役割があり、Twitterは知人以下の人間関係も取り入れた、より広い範囲に情報を伝える役割があるといえるでしょう。一方のYouTubeは、**24時間表示される広告**、あるいは**日々の情報を動画で楽しく伝える情報発信メディア**としての役割があるといえます。

母艦である自社サイトに集客するためのサテライトには、Webサービスごとにさまざまな役割があり、YouTubeは広告・メディアとしての役割を担います。

2 「ストック型」と「フロー型」

　前ページで紹介したものに代表されるWeb上のさまざまな集客手段は、「**ストック型**」と「**フロー型**」に大別することもできます。わかりやすくいえば、前者は長期的な射程を持つコンテンツであり、後者は短期的で瞬発力のあるコンテンツです。これらの特性を理解することが、効率的なWeb集客には必須となります。FacebookやTwitterなどはフロー型、YouTubeはストック型に分類されますが、基本戦略としてはまず、**爆発力のあるフロー型のコンテンツで顧客の注目を集め、次にストック型のコンテンツで顧客を掴む**、というプロセスを辿るとよいでしょう。

種類	特徴	メリット	デメリット	サービス例
ストック型	時間の経過後も価値を保ち続けるコンテンツ	長期的に検索され、流入が期待できる。Webサイトの人気コンテンツとなりやすい	ニッチな情報なため、瞬間的かつ爆発的に人気になることは少ない	Webサイトコンテンツ、ブログ、YouTube
フロー型	時間とともに価値を失う消費型のコンテンツ	旬なコンテンツとして瞬間的かつ爆発的に拡散することがある	タイムラインとともに流れてしまい、消費期限がとても短い	Facebook、Twitter、Instagram

ストック型のYouTubeのコンテンツは長期的に価値が保たれるメリットがありますが、爆発力ではフロー型のほうが優れています。

3 YouTubeは使い分けしやすいコンテンツ

　上記のように、YouTubeはストック型に分類されます。しかし、Sec.03で解説したようにSNSと連携することで、フロー型のコンテンツとして消費されるケースも多々あります。発信の仕方次第で両者の間を自在に行き来できる柔軟性も、YouTubeの大きなメリットといえるでしょう。

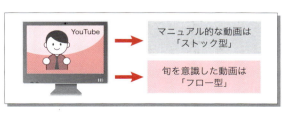

YouTubeの動画が旬のものであれば、SNSと連携してフロー型として活用するとよいでしょう。

第1章 YouTube集客の基本

05 売上は自社サイトから生み出す

会社やお店にとって、YouTubeで集客をするその先には「売上」がなくてはいけません。このとき、売上を生み出すのはYouTubeではなく、自社サイトです。ここでは、自社サイトの重要性について解説します。

1 自社サイトで「接客」する

　YouTubeでの集客では、売上を生み出すのはあくまでも自社サイトです。YouTubeで動画を見てもらうことで興味や信頼を生んだら、自社サイトを訪れてもらい、実際の購入や問い合わせ、来店につなげなくてはなりません。

　このときに重要なのは、**クロージング**を意識することです。クロージングとは「締め」を意味するマーケティング用語で、顧客が成約・購入に至るまでの流れを意味します。YouTubeの視聴がクロージングの第一段階だとすれば、そこから自社サイトにアクセスしてもらうのが第二段階であるといえます。このように考えると、アクセス先のサイトがいかに重要なのかがわかるでしょう。**仮にアクセス先のサイトの情報が不親切であれば、顧客はすぐにでもブラウザバックしてしまいます。**その意味で、自社サイトは「接客」と同じなのです。ですので、自社YouTubeから自社サイトへの導線が確保できたら**「見やすさ、わかりやすさ、クリックしやすさ」をあらためて確認してください。**

　なお、具体的にYouTubeと自社サイトを連携する方法は第5章で解説します。

いくらYouTubeで魅力的な動画を投稿しても、誘導した先の自社サイトが不親切ではクロージングできません。あらかじめ自社サイトを確認しておきましょう。

2 適切な自社サイトの例

適切な例として、筆者の自社サイトを紹介します。以下の点がきちんと守られているかどうか、ご自分のサイトを再確認してみてください。

「接客」の場である自社サイトは重要です。スタイリッシュであることよりも誠実さ、わかりやすさを優先しましょう。

・バナーを日本語にしているか

自社サイトというと、「かっこよさ」や「スタイリッシュかどうか」をまず気にする人がいます。結果としてバナーが英語になっているようなサイトができあがったりするのですが、それは顧客にとって重要ではありません。読みやすい日本語にして、「伝わること」を優先しましょう。

・自社の強みが一目で打ち出されているか

抽象的な会社の理念をキャッチコピーのようにでかでかと掲載しているサイトがありますが、これも「接客」の観点からはNGです。できるだけ具体的に、他社と一線を画す強みを打ち出すようにしましょう。

・クリックしやすいか

人間の目は、同時にいくつもの情報を目視できません。たくさんの情報を載せたい気持ちをぐっと抑えて、最小限に絞りましょう。筆者のサイトでは、「お問い合わせ」を筆頭とする3つのバナーを特に目立たせ、顧客の方々が迷わないようなサイト構成を心がけています。

第1章 YouTube集客の基本

YouTubeのアカウントを作成する

YouTubeはGoogleのサービスの1つです。YouTubeの利用を開始するためには、まずGoogleアカウントを取得する必要があります。下記の手順を参考に、Googleアカウントを取得しましょう。

1 Googleアカウントを作成する

手順❶ Googleのトップ画面（https://www.google.com）にアクセスし、＜ログイン＞をクリックします。

手順❷ ＜アカウントを作成＞をクリックします。なお、すでにGoogleアカウントを取得している場合は、アカウントに登録しているメールアドレスまたは電話番号を入力し、＜次へ＞をクリックしてログインします。

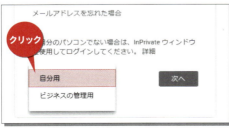

手順❸ ここでは＜自分用＞をクリックします。

20

手順④ 名前、メールアドレス、パスワードなどの必要項目を入力し、<次へ>をクリックします。

手順⑤ 電話番号やメールアドレス、生年月日などを入力し、<次へ>をクリックします。

手順⑥ プライバシーポリシーと利用規約を最後までスクロールして確認し、<同意する>をクリックすると、Googleアカウントの作成が完了します。

2 YouTubeにログインする

手順❶ Googleのトップ画面で▦をクリックし、＜YouTube＞をクリックします。

手順❷ YouTubeが表示されたら、画面右上の＜ログイン＞をクリックします。なお、ログイン済みの場合はこの手順は不要です。

手順❸ 画面右上にアカウントのアイコンが表示されたら、ログインは完了です。

07 チャンネルのしくみを知る

YouTubeで投稿者になるには「チャンネル」を作成する必要があります。チャンネルは自分専用のホームページのようなもので、動画投稿者であるあなたのプロフィールや動画の一覧などがまとめられています。

1 チャンネルとは？

「チャンネル」とは、**YouTube内に開設できる自分専用のホームページ**のようなものです。「自分だけの放送局」といってもよいでしょう。ここには、自分の投稿した動画がまとめて表示されるほか、問い合わせ用のメールアドレスや、自社サイトへのリンクを設定したりすることができます。

YouTubeで集客をする会社やお店にとって、チャンネルは非常に重要です。なぜなら、チャンネルには「チャンネル登録」という機能があり、**視聴者とつながり続けることができる**からです。視聴者は気に入った動画の配信者に対してチャンネル登録をします。すると、そのチャンネルで新たな動画が配信されると、YouTubeのトップ画面などで表示されやすくなります。つまり、あなたの動画を継続的に見てくれる「ファン」のような存在になってくれるのです。

チャンネルのトップ画面です。YouTube集客では、チャンネル登録をしてもらうことが大切です。

2 ブランドアカウントとは？

　チャンネルはGoogleアカウントと紐づける形で作成します。しかしこのとき、Googleアカウントと直接紐づけてしまうと、Googleアカウントの個人名がそのままチャンネルの名前になってしまいます。会社やお店の集客に使うことを考えると、チャンネルの名前は自由に付けたいものです。

　そこでYouTubeには、**ブランドアカウント**という便利なしくみがあります。ブランドアカウントとは、個人アカウントの「田中太郎」のような個人名ではなく、「株式会社●●チャンネル」のような組織名を付けられるアカウントのことです。YouTubeのブランドアカウントには、以下のようなさまざまなメリットがあります。

・複数の管理者を設定できる

　個人アカウントに直接紐づけた場合、そのGoogleアカウントにログインできる人のみがYouTubeのチャンネルを管理することができます。第三者が動画をアップロードしたり、管理したりすることはできません。ビジネス用途の場合は、これでは非常に不便です。しかし**ブランドアカウントのチャンネルを作成すれば、管理者を複数設定することができます**。複数人で管理できれば、動画の更新やチェック、コメントへの返信など、役割を分担することもできるので便利です。

・個人情報が公開されない

　個人アカウントで運用すると、個人アカウントの名前やプロフィール写真がそのままチャンネルになり、公開されてしまいます。しかしブランドアカウントの場合は、自ら設定しない限り、そのような**個人情報が公開されることはありません**。

・別のチャンネルをさらに作成できる

　新しいサービスや新規事業、支店や別会社などで別途チャンネルが必要になった際も、**ブランドアカウントの場合はチャンネルを自由に追加できます**。個人アカウントでは、そのつど新しいGoogleアカウントをつくる必要があり、面倒です。

第1章 YouTube集客の基本

08 チャンネルを作成する

動画を配信するために、さっそく自分の「チャンネル」を作成しましょう。ここでは、企業のブランディング用に利用するため、ブランドアカウントのチャンネルの作成手順を解説します。

1 ブランドアカウントのチャンネルを作成する

手順① 画面右上のアカウントアイコンをクリックし、＜チャンネル＞をクリックします。

手順② ブランドアカウントのチャンネルを作成するには、＜ビジネス名などの名前を使用＞をクリックします。

手順③ 企業名、サービス名など自社のブランドとしての名前を入力し、＜作成＞をクリックします。

手順④ チャンネルの作成にあたって、アカウントの確認を行います。コードの受け取り方法を選択します。ここでは＜音声通話＞をクリックします。

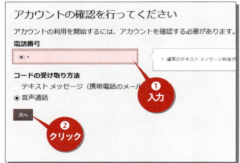

手順⑤ 電話番号を入力し、＜次へ＞をクリックします。

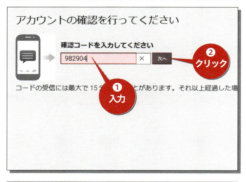

手順⑥ 電話の音声メッセージで確認コードが伝えられるので、入力して＜次へ＞をクリックします。

手順⑦ チャンネルが作成されました。

🔴 POINT 複数のチャンネルを作成するには？

ブランドアカウントのチャンネルは複数作成することができます。同じGoogleアカウントから管理できるので、別のGoogleアカウントを作成する必要はありません。ここでは、チャンネルを複数作成する方法を解説します。

手順❶ 画面右上のアカウントアイコン→＜アカウントを切り替える＞の順にクリックします。

手順❷ ＜その他のアカウント＞をクリックします。なお、ボタンが表示されない場合は「https://www.youtube.com/channel_switcher」にアクセスしてください。

手順❸ Googleアカウントや既存のチャンネルが表示されます。＜新しいチャンネルを作成＞をクリックすると、別のチャンネルを作成できます。

27

第1章 YouTube集客の基本

09 チャンネルを表示する

チャンネルが作成できたら、チャンネルのトップ画面を表示してみましょう。なお、チャンネルのトップ画面では、チャンネルのアイコンや背景画像、トップ画面のレイアウトなどをカスタマイズできます。

1 チャンネルのトップ画面を表示する

手順① 画面右上のアカウントアイコン→＜チャンネル＞の順にクリックします。

手順② チャンネルのトップ画面が表示されます。チャンネルのカスタマイズについては、第4章で解説します。

❚❚ POINT 個人アカウントに切り替える

個人アカウントに切り替えるには、手順❶の画面で＜アカウントを切り替える＞→＜その他のアカウント＞の順にクリックし、Googleアカウントをクリックします。

第1章 YouTube集客の基本

10 アカウントを認証する

作成したばかりのチャンネルには、15分を超える動画を投稿できないなど、いくつかの制限が設けられています。しかし、アカウントを認証すればそれら機能を有効にできます。投稿を始める前に必ずアカウントを認証しておきましょう。

1 アカウント認証のメリット

　アカウントの認証を行うことで、制限されているいくつかの機能を使えるようになります。例えば、**15分を超える動画**を投稿できるようになったり、動画に**オリジナルのサムネイル**を設定できるようになったり、ライブ配信が行えるようになったりします。YouTubeを活用するうえで、とくにサムネイルの設定は重要です。必ずアカウントの認証を行いましょう。

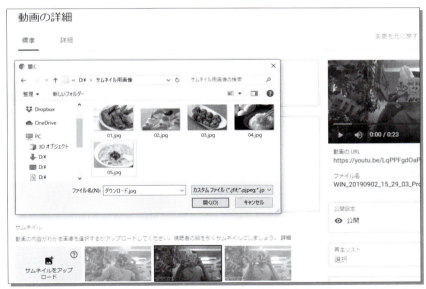

動画に設定できるオリジナルのサムネイルは「カスタムサムネイル」と呼ばれます。動画を目立たせるためには必須の機能です（Sec.31参照）。

2 アカウントを認証する

手順① 「https://www.youtube.com/verify」にアクセスして「アカウントの確認」画面を表示します。国を選択して、確認コードの受け取り方法（ここでは<SMSで受け取る>）をクリックし、電話番号を入力して、<送信>をクリックします。

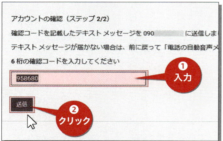

手順② 入力した電話番号に6桁の認証番号が送信されます。認証番号を入力し、<送信>をクリックします。

手順③ アカウントの認証が完了します。<次へ>をクリックします。

❶ POINT ライブ配信を有効にしておく

アカウントを認証することでライブ配信を行えるようになります（Sec.37参照）。ただし、ライブ配信を有効にするには設定から24時間程度かかります。ライブ配信を行う可能性がある場合は、アカウント認証を行ったら、P.102手順❶の操作を行ってライブ配信を有効にしておくことをおすすめします。

第2章

集客につながる動画を作成する

Section11	動画づくりに必要な機材とツール
Section12	動画のターゲットと内容を考える
Section13	動画の必須要素① 「フック」で離脱を防ぐ
Section14	動画の必須要素② 「マニュアル」で信頼を生む
Section15	動画の必須要素③ 「共感」でコミュニティをつくる
Section16	シナリオの王道パターン
Section17	やってはいけない！ NG事項を知る
Section18	撮影の基本を知る
Section19	編集のコツ① 動画の「長さ」を意識する
Section20	編集のコツ② 切り替え効果の使い方
Section21	編集のコツ③ 字幕の使い方
Section22	編集のコツ④ BGMの使い方
Section23	成功した動画のポイントを学ぶ
COLUMN	ダメな動画になってない？ チェックリスト

第2章 集客につながる動画を作成する

11 動画づくりに必要な機材とツール

YouTubeに動画を投稿していくには何が必要でしょうか。ここでは撮影に必須の機材から、あると便利な機材、動画編集ソフト、パソコンのスペック例までを紹介します。

1 撮影に必須の機材

　動画撮影には、言うまでもなくカメラが必要です。動画を撮れるカメラであれば、まず間違いなくYouTubeへのアップロードは可能なので、初めは**スマートフォン**を使ってもよいでしょう。最近のスマートフォンであれば、十分なクオリティーの動画が撮影できます。

　それ以上を求めるのであれば、**ビデオカメラ**は動画撮影専用の機材だけに、持ちやすさや被写体の撮りやすさにおいて優れています。スマートフォンより機能も多彩で、オートフォーカスや手ぶれ補正、高倍率ズームなどを駆使することにより完成度の高い動画を撮影できます。加えて、バッテリーの心配も比較的少ないといえるでしょう。値段の目安はおおよそ3万円台から7万円のあいだです。

　デジタル一眼カメラでも動画を撮影できます。背景をぼかすなど、本格的かつ高画質の動画が撮れるのがメリットですが、価格は10万円台から50万円台と、かなり割高である点がネックです。操作もかんたんとはいえませんが、インパクトのある動画や食品の「シズル感」を伝えたいのであれば、購入を検討してもよいでしょう。

筆者が使用しているのは、パナソニックのデジタル一眼レフカメラ「DMC-GH4」。これに加え、録音用のマイク（後述）を搭載して使用しています。

2 あると便利な機材

インタビューやプレゼンテーションなど、「話」に重きを置く動画であれば、雑音のない音声を録音できる機材があるとよいでしょう。具体的には、**ピンマイク**や**カメラ用の音声収録用マイク**を利用するのが望ましいです。

また、被写体が暗い状況などでも安定した撮影をしたいのであれば、照明機材があると便利です。最近は、**LED型の小型照明**などで局所的に光を与える機材も比較的安価で入手できます。

3 編集ソフトとパソコン環境

YouTube内でもごくかんたんな編集はできますが、やはり有料の編集ソフトをおすすめします。筆者が使用しているのは「**PowerDirector**」で、これ1つあれば本書で紹介している編集作業はすべて行うことができます。Windowsなら無料ソフトの「AviUtl」が人気です。Macユーザーであれば同じく無料の「iMovie」がよいでしょう。

動画の編集は、とりわけパソコンに負荷のかかる作業の1つです。そのため、可能であれば下図のように、なるべくスペックの高いパーツを備えたパソコンを使用しましょう。また、インターネット環境は**光回線**が望ましいですが、ADSL回線でもアップロード自体はできます。ただし、15分程度の動画をアップロードするのに1時間以上かかることもあるため、毎日のように動画をアップしたいのであれば、高速な光回線を導入しましょう。

▶ パソコンのスペック例

CPU	インテル Core i7-9700K プロセッサー
メモリ	16GB
ストレージ	SSD と HDD が両方搭載されているもの。特に HDD は 1TB 以上が望ましい
グラフィックボード	GeForce GTX 1060

第2章 集客につながる動画を作成する

12 動画のターゲットと内容を考える

ここでは、動画を通して効果的に集客するため、「ターゲット」と「内容」について解説します。この2点を軽視してしまうと、どんなに力を入れた動画であってもまったく視聴してもらえないことすらあります。しっかりと確認していきましょう。

1 ターゲット（ペルソナ）を想定しよう

　YouTubeは基本的に1対1のメディアです。そのため、ターゲットを想定する際は「大勢に伝える」よりも「**具体的な1人に伝える**」イメージが重要です。

　想定する「1人」のイメージは、具体的であればあるほどよいでしょう。たとえば、「40代女性、郊外に在住、既婚、子ども複数……」といったイメージよりも、「43歳女性、神奈川生まれ、東京の私大卒、神奈川県藤沢市在住、夫は大学のサークルの2歳上、娘は12歳、息子は8歳、趣味はガーデニング……」といったレベルまで掘り下げたほうが、動画をつくりやすくなるのです。このように、具体的に想定した人物像のことを「**ペルソナ**」といいます。ターゲットとほぼ同義語ですが、より対象を絞った言葉です。適切なペルソナを想定するには、個人的によく知っている人物を1名取り上げ、その人を基準にして作成するとスムーズです。

　ペルソナが想定できたら、次は**その人が何を求めているかを考え、動画テーマに生かしていきます**。次ページからは、筆者が実際に携わったものを含めて5つの業種ごとに動画テーマの例を挙げています。動画のURLとQRコードも掲載しているので、ぜひ参考にしてみてください。

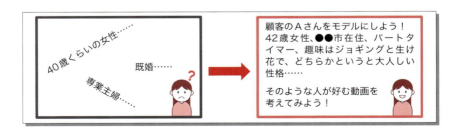

2 サービスをアピールしたい場合

　サービスをアピールしたい場合は、ほかの動画にも共通する大前提ですが、何よりまずサービスの様子をしっかりと映しましょう。また、サービス業の場合は**社員が顔出しでインタビューに応じている**ことが信頼感につながります。このとき、**サービスがない場合のデメリット**について**語ったあとで、サービスのメリットを強調する**ようにすると効果的です。

https://www.youtube.com/watch?v=_8YZ3YLyzi0

オーダーメイドの家具を製作している会社の動画です。作業の様子と工房の様子を伝えたあと、社員が顔出しでインタビューに応じ、オーダーメイドならではの強みをしっかり語っています。

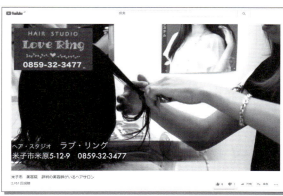

https://www.youtube.com/watch?v=AygoQcUDrhs

店の外観から明るい店内の様子までを最初の10秒ほどで映し、美容師が実際に髪を切っているところを紹介しています。インタビュー形式ではありませんが、1分ほどの映像の中で店の魅力を存分に伝えています。

3 店舗・物販をアピールしたい場合

　店舗・物販をアピールする場合、ターゲットが求めているものはさまざまなケースが考えられます。アクセス、品揃え、低価格などを訴求するのは基本ですが、そのPRだけに始終してしまうと、あまり印象的な動画とはなりません。

　そこで着目したいのが、**行事性**と**希少性**です。行事性とは、冠婚葬祭やクリスマス、バレンタインデーといったイベントに合わせたキャンペーンなどを展開し、その内容を詳しく紹介することです。希少性とは、オープン記念のクーポンや周年記念のサービスなどを訴求することです。こういった要素を盛り込みつつSNSなどと連携することで、単に店舗や物販を紹介するよりも多くのアクセスが見込めます。

　そのほか、**目玉商品にのみポイントを絞って紹介する**のも効果的な方法です。この場合は、「その商品がなぜ必要になるか」「その商品がどのような点で個性的か」ということを、客観的なデータを示しつつ解説することが重要です。

https://www.youtube.com/watch?v=_ebP1CwqHSo

　手帳のPR動画です。まず、2025年には人口の30％が高齢者となるという統計的データを示し、それに付随して認知症の問題を強調しています。そのようにして専門家の診断を訴えるとともに、直筆の手記と写真によって「記録を記憶に」していく「おぼえている手帳」という商品を紹介する流れです。このケースでは、統計データと結びつけることで、効果的にサービスを訴求しています。

4 ECサイトをアピールしたい場合

　ECサイトの場合、「自社製品を最大限に生かす方法」を紹介することが集客につながりやすいといえます。この方法がいかに効果的かは、以下の動画からわかります。こちらは「海外の壁紙」といった競合他社が少ないジャンルの商品を扱っているサイトです。競合他社が少ないということは、その商品の使い方がインターネットで検索される可能性が高いということであり、その点においてYouTubeの動画ほどわかりやすいものはありません。ここで重要なのは、**製品を使った場合のbeforeとafterをきちんと比較する**ことです。

https://www.youtube.com/watch?v=GrAND1pslP8

　輸入壁紙専門通販サイトの動画です。サイト内で扱っている壁紙をだれでも手軽に貼れると説き、その手順をわかりやすく解説しています。壁紙を貼ったあとの部屋の違いは一目瞭然で、思わずURLをクリックしたくなってしまう魅力があります。筆者が携わった事例ではありませんが、ECサイトをPRするよいお手本といえるでしょう。

5 士業をアピールしたい場合

　士業は、とりわけ信頼感が重要とされる業種であるため、本人が出演することは大前提であると考えておきましょう。また、どのような経歴で、その分野についてどの程度の知見を持っているかも伝えたいところです。

　この場合、第三者からの問いに答えていく**インタビュー形式**で見せるのが効果的です。なぜその士業を志したのか、どのように知見を積んだのか、どのような強みがあるのか、といった「顧客が知りたい情報」を先回りする形で答えていきましょう。このときに意識したいのは、「**簡潔にまとめる**」ということです。インタビューとなるとつい、時間を忘れて長々と語りがちですが、のちにSec.13で確認していくように、視聴者の集中力は長く続きません。あくまで顧客からの問い合わせを増やすための手段であるということを忘れずに、シンプルな言葉で必要な情報だけ答えるようにしましょう。

米国税理士の動画です。米国税理士になった経緯を語り、日本とアメリカの税務がいかに切り離せないかを説いています。

https://www.youtube.com/watch?v=KTGMPTcUA80

税理士事務所の動画です。簡潔な自己紹介のほか、動画の効果を実感したこととして、顧客が「すでに自分と会っている」ような感覚を持って来社してくれる点を挙げています。

https://www.youtube.com/watch?v=qpTtwPeHQas&t=35s

6 求人したい場合

　求人の場合は、業務の様子だけでなく「どんな人が面接してくれる職場なのか」といった情報を求めて視聴する人が多いといえます。そのためこの場合も、できるだけ従業員や面接担当の人が顔出しするようにしましょう。また、**会社のビジョンや勤務におけるメリットをしっかりと語る**ことも、「ここで働きたい」と思わせる重要な要素になります。

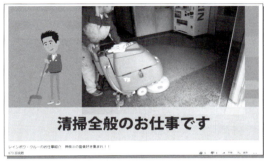

https://www.youtube.com/watch?v=qM_mVjccfc0

神奈川の清掃業者の求人動画です。初心者も安心である点、週一回からのシフトも可能である点を訴求しつつ、最後は代表の挨拶でエンディングとなります。「元バンドマンだったために時間を有効に使いたい人の気持ちがわかる」という語りがユニークで印象に残ります。ペルソナを設定していると、このような切り口がつくりやすくなるのです。

https://www.youtube.com/watch?v=6hSOjPewERY

リフォーム専門店の動画です。ドローンを駆使するために屋根に上っての作業がなく、安全であるという点をわかりやすく伝えています。

第2章 集客につながる動画を作成する

動画の必須要素①
「フック」で離脱を防ぐ

どんな動画をつくるにせよ、必ず押さえておくべき要素があります。そのうちの1つが「フックの要素」です。「つかみ」ともいわれるこの要素をきちんと入れておくことで視聴者の離脱を防ぎ、最後まで観てもらいやすくなります。

1 「離脱率」を知る

離脱率とは、その名の通り「視聴者が動画のどこで離脱したか」を示す数値のことです。この離脱率がもっとも大きく変動するのは、**再生開始から15秒以内**です。つまり、ある動画が観るに値するかどうかは15秒以内で判断されてしまうということです。それだけに、動画冒頭で視聴者を「つかむ」、つまり**フック**を持ってくることが非常に重要になります。

仮にフックが効果を発揮し、視聴者が15秒以内に離脱しなければ、その後も動画を観続けてもらえる確率はぐっと高まります。実際、離脱率は動画時間の経過とともに緩和していくことが知られており、冒頭の15秒さえ観てもらえるようしっかりと工夫すれば、多くの視聴者はついてきてくれるのです。

なお、離脱率と表裏の関係にある用語として視聴者維持率がありますが、こちらは第6章で解説していきます。

ザッピングしやすいインターネットコンテンツの視聴者は、少しでも飽きるとすぐに別のリンク先をクリックしてしまいます。そのため、動画冒頭にどんなフックを持ってくるかが勝負どころです。

40

2 コツは結論から話すこと

すぐに実践できるフックのつくり方として、**冒頭で「結論を話す」**ことが挙げられます。この動画がどんな内容で、どのような結果をもたらすのか、なぜ続けて視聴する価値があるのか、という内容を盛り込みましょう。その際も15秒間ダラダラと話すのではなく、キャッチコピーのようなイメージで**短く印象的な言葉を使う**とよいでしょう。たとえば整体であれば、PRしたいサービスを列挙してみせるより、「1分で小顔になれます！」といった言い方を心がける、ということです。ただしこの際、ひどく大げさであったり虚偽の内容であったりしてはなりません（Sec.17参照）。あくまでも事実を端的に伝えるようにしましょう。

そのほか、ごく短い**イントロ動画**を入れ込むのもフックの1つです。より本格的につくり込んだ印象を与えるため、特に士業や求人のようなジャンルのPRでは効果を発揮します。もちろん、こちらも長すぎるものはNGです。最長で5秒程度にまとめ、上述の「結論を話す」フックとうまく組み合わせるとよいでしょう。

社会保険労務士の動画です。何かと手間がかかりそうな助成金について、冒頭近くで「社長　余計なお手間取らせません！」と書かれたボードを示すことでフックとしています。

https://www.youtube.com/watch?v=U3FikN45Z34

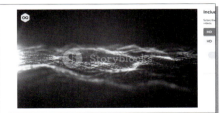

イントロ動画としておすすめなのが、海外サイトの「Storyblocks」です。月額契約で短いムービーをダウンロード可能。ロイヤリティーフリーなので、安心して使えます。

https://www.videoblocks.com/

第2章 集客につながる動画を作成する

14 動画の必須要素②「マニュアル」で信頼を生む

マニュアルとして優れた動画は、多くの人をひきつけます。わからないことがあったとき、テキストベースのWebサイトではなく最初からYouTubeを参照するという人も多いのではないでしょうか。ここではそんなマニュアルの要素について解説します。

1 文字よりも「事実」で示す

　マニュアルは、文字よりも映像のほうが多くの点で優れています。たとえば、パソコンやカメラといったガジェットの操作がよい例でしょう。文字だけではどうしてもわからない部分が残りますが、動画であれば「どのボタンをどのような順序で押すと何が起こるのか」が一目で理解できます。目で見てわかる、ということは安心を生み、動画への信頼につながるものです。また、操作方法以外にも、商品のサイズ感や使用イメージにも同様のことがいえるでしょう。

　こういったマニュアルの要素を盛り込みやすいのは、たとえば、商品を紹介する動画です。「**操作手順**」「**使用イメージ**」「**サイズ感**」の3点を必ず盛り込み、マニュアルとして優れたものを目指しましょう。

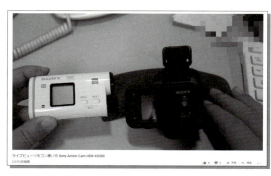

https://www.youtube.com/watch?v=zIuowL06WXk

ライブビューリモコンの使い方を解説した動画です。電源の入れ方から録画した映像の確認方法だけでなく、どの程度の大きさなのか、持ち運びは楽なのかといった情報もすぐにわかります。

2 マニュアルは「操作方法」だけではない

　マニュアルといえば、先ほどの「操作方法」のような動画ばかりをイメージしがちですが、必ずしもそうではありません。たとえば進学塾のPRをしたい場合を考えてみてください。進学実績や試験問題の傾向を示しつつ、効果的な勉強方法について語れば、それは立派な「勉強のマニュアル」になります。このように、サービス業の人がその**ノウハウの一部を動画で公開する**ことも非常に有効な訴求方法であり、マニュアルの要素を応用した好例といえます。

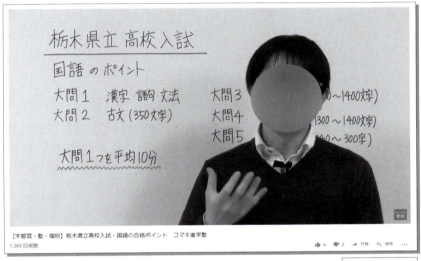

https://www.youtube.com/watch?v=QidpXhulSlQ
栃木県の進学塾の動画です。講師自らが出演し、入試のポイントをていねいに解説することで、信頼感をアップ。入塾率を30％も向上させました。

第2章 集客につながる動画を作成する

15 動画の必須要素③ 「共感」でコミュニティをつくる

動画に欠かせない3つ目の要素は「共感の要素」です。適切な方法で動画を発信し続けていると、視聴者＝ファン同士が横のつながりを持つことも多々あります。そのような視聴者をコミュニティとして包摂し、長期的なコンテンツをつくり上げていくことも大切なのです。

1 動画を通して「共感」を呼ぶ

コミュニティは「共感」の感情によって形成されます。それでは、どうやって共感を得ればよいのでしょうか。重要なのは「理念」をしっかりと打ち出すことです。つまり、単にサービスや商品をPRするだけではなく、それらを通して**どのように社会へ貢献したいか**、ということを語るのです。しっかりとした理念は、視聴者の共感を呼びます。

もちろん、すべての動画で理念を語る必要はありませんし、共感を呼ぶための方法はほかにもあります。たとえばSec.14で確認したように、マニュアルの要素が強い動画であれば、**ハキハキとした口調を心がける**だけでも、視聴者の共感につながることがあるのです。

視聴者の共感は、動画へのコメントとして現れます。動画に対してポジティブなコメントをもらったら、必ず返信するようにしましょう。返信の内容は丁寧で具体的であればあるほど、相手の心に残ります。また、**コメントはすべての視聴者に表示**されます（Sec.36参照）。心のこもったコメントと返信をきっかけに、さらに多くのコメントがくり広げられるケースもあります。これも一種のコミュニティといえるでしょう。

2 チャンネルを登録してもらう

　YouTubeでは、よく見るチャンネルに対して「**チャンネル登録**」することで、そのチャンネルが更新されるたびに通知を受け取ることができます。チャンネルが登録される＝ファンが増えると捉えてもよいでしょう。YouTuberの動画で、しばしば「よろしければチャンネル登録をお願いします」などと視聴者に語りかけているのを見た方も多いでしょう。これはビジネスで動画配信する場合も同様です。チャンネル登録者は**潜在的な顧客**ともいえるユーザー数と直結するため、重要視すべきといえます。積極的に呼びかけるようにしましょう。

3 コミュニティを活発にするために

　たとえ十人単位であっても、チャンネル登録をしてくれたり、定期的にコメントをくれたりする視聴者がいれば、立派なコミュニティです。

　コミュニティができたら、前述のようにコメントに返信するなどして積極的にコミュニケーションを取ることでつながりを持続させましょう。そのほか、有効なコミュニケーション手段としては、「**アンケート**」機能の活用があります。アンケート機能を使えば、視聴者の回答がパーセンテージ表示され、そこから動画に対するニーズをくみ取ることもできます。ただし、アンケート機能はチャンネル内の「コミュニティ」タブの機能です。「コミュニティ」タブを表示するには、1,000人以上のチャンネル登録者が必要になります。

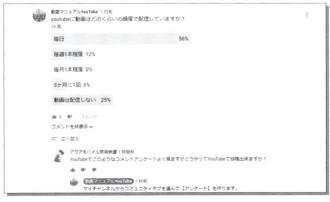

動画を配信している人に向け、配信頻度をアンケートで回答してもらった例です。

16 シナリオの王道パターン

多くの動画には「王道」とでも呼ぶべきシナリオのパターンが存在します。そのパターンさえ把握してしまえば、動画づくりがぐっとスムーズになるでしょう。

1 王道のシナリオ例

ここでのシナリオとは「**動画をどう展開させるか**」という意味であると考えてください。商品やサービスの紹介をする場合、ともすれば商品の機能や素晴らしさだけを全面に押しだした「売り込み」型の動画になりがちです。しかし、視聴者の多くはコマーシャルには興味がないため、このようなコンテンツは敬遠されがちです。ですので、きちんとシナリオを考える必要があるのです。ここでは、どんな業種にも応用できるシナリオの王道パターンを紹介します。全体の流れを下の図にまとめましたので、参考にしてください。

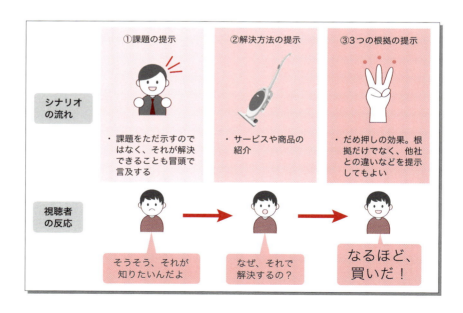

①課題の提示

まずは**課題の提示**です。というと、Sec.13「フックの要素」をお読みになった方は引っかかるかもしれません。そこでは、「冒頭で結論を話す」ことを重要視していたからです。もちろん、それはそれで有効なパターンなのですが、課題の提示もフックになり得るのです。その具体的な方法は、「**遠慮せず、はっきりと断言する**」ことです。下の例を見てください。「なぜあなたの商品は売れないのか？」「お客さんにも全く響かない」と言い切ってしまっています。対面のコミュニケーションで顧客にこのような言い方をすれば失礼にあたるでしょうが、動画の冒頭で課題として示せば、多くの場合「そうそう、それが知りたいんだよ」と共感してもらえるのです。実は多くの人気動画は、このような「やや上から目線」をうまく取り入れていることがよくあります。

このように、ズバリと言い切ることで課題をクリアにできます。

②解決方法の提示

課題を示したら、解決方法を提示します。動画ならではの強みが生きるのも、この部分です。商品にせよサービスにせよ、「実演」するようにしましょう。冒頭の課題を解決しているシーンをきっちり印象付けてください。

③3つの根拠の提示

解決できる根拠を3つ、提示します。3つというのは視聴者が記憶にとどめておくのにちょうどいい数字だからです。ここでは、すべての魅力を伝えきる必要はありません。あくまで興味を持ってもらうことに重点を置きましょう。なお、根拠を提示した後、悩みが解決されたハッピーなイメージを挿入するのも、よく使われる手法です。

第2章 集客につながる動画を作成する

17 やってはいけない！NG事項を知る

動画づくりにもNG事項が存在します。知らずに動画投稿を進めていると、視聴者にマイナスの印象を与えてしまうのはもちろん、最悪の場合アカウントの停止に追い込まれてしまうこともあります。きちんと把握しておきましょう。

1 著作権・肖像権違反はしない

著作権とは、文化的な創作物を保護するための権利です。文化的な創作物とは、文芸や学術、美術、音楽などを指し、その作者を著作者と呼びます。著作者が何かを創作した時点で著作権は発生し、許諾なしに使用すると著作権侵害となります。具体的なケースとしては、あるアーティストの楽曲を無断で動画のBGMとして使用する、といったことが著作権侵害にあたります。

肖像権とは、自分の容姿を無断で撮影・公開されないための**プライバシー権**と、著名人の肖像や氏名のもつ顧客吸引力について定めた**パブリシティー権**の2つに関わる権利です。有名・無名を問わず、許可なしに自分以外の第三者の顔が（本人と特定できるような形で）動画に写り込んでいた場合、肖像権侵害に抵触する可能性があります。

著作権と肖像権の順守は、動画を投稿する上で常に気を付けなくてはいけません。

2 誹謗中傷・虚偽の発信はしない

　競合他社との違いを強調したいあまり、**誹謗中傷**を行ってはいけません。たとえそれが事実であっても、社会的な評価を損なうような発信の仕方であれば誹謗中傷にあたります。かつて、ペプシコーラ社が「ペプシ・チャレンジ」として、さまざまな消費者にコカ・コーラとペプシコーラの両方を飲ませたうえで「ペプシコーラの方がおいしい」という声が圧倒的に高かったことを宣伝として利用しました。この宣伝方法は日本のペプシコーラの宣伝でも取り上げられたものの、やがて放送倫理にもとるのではないかという声が上がり、放送が取りやめられました。ペプシの手法は誹謗中傷ではないものの、他社との比較が忌避される傾向がよくわかる例といえます。

　また、**虚偽の発信**もNGです。嘘はもちろんのこと、自社商品について誤解をまねくような大げさな表現をすることも、虚偽とされる場合があります。

3 動画の商用利用はしない

　YouTubeでは、**アップした動画そのものを販売する行為も禁止**されています。たとえば、アップした動画を限定公開にしたうえで、料金を支払った視聴者だけにURLを告知する、といった手法です。視聴回数が上がってくると、「集客だけでなく動画も商品化できないか」と考えてしまう人もいるかもしれませんが、あくまでYouTubeは無料で動画をアップでき、無料で見られるプラットフォームです。その基本的なルールを破ってはいけません。こういったNG事項を続けていると視聴者から報告され、アカウントの停止に追い込まれてしまうこともあります。

　YouTubeの「動画を報告」機能には、ここで取り上げたもの以外にも、いくつかの事項が報告対象として設定されています。PR動画でこれらの事項に抵触することはあまり考えられませんが、注意したいところです。

第2章 集客につながる動画を作成する

18 撮影の基本を知る

優れたシナリオと同じくらい大切なもの、それは撮影の基本を知ることです。魅力的な動画コンテンツをつくるためには、よい動画素材がなくてははじまりません。どのように撮影するかによって、視聴者に与える印象はまったく変わってきます。

1 メインで映すものは極力1つに絞る

まずは「**画面に何をメインとして映すか**」です。できるだけたくさんの商品やサービスを紹介したいところですが、できるだけ1つに絞るようにしましょう。すでに解説してきたように、動画によるPRは冒頭が命です。その冒頭で、いくつもの商品が画面に映っていると、視聴者はどこに視線を置けばよいのか迷ってしまい、結果として印象もぼんやりしたものになってしまいます。その点、もっとも訴求したい1つの商品だけを映すと、画面内に大きく映し出せて質感がよりダイレクトに伝わり、視聴者の印象に残りやすいのです。

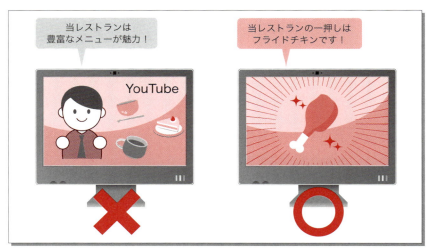

とりわけ商品の質感が重要になる食品などの動画であれば、画面いっぱいに映すことは必須となります。

2 撮影前に確認しておくこと

メインで映すものが決まったら、いよいよ撮影です。ただし、その前にいくつか確認しておくことがあります。

①カメラは固定する

必ず**カメラは固定する**ようにしましょう。ぶれる映像では見る人の集中力が削がれてしまいます。ビデオカメラを使用する場合はもちろん、スマートフォンで撮影する場合も、カメラは固定しておきましょう。角度は被写体と水平にするのが基本です。

②予備のバッテリーを用意する

動画撮影はバッテリー消費の激しい作業です。特にスマートフォンなどは小型ゆえにバッテリーの減りも早く、つい撮影に夢中になるうちにバッテリー残量があとわずかだった、といったケースも珍しくありません。そのような心配のないよう、**予備のバッテリー**を必ず用意しておくようにしましょう。

③ライティングに気を付ける

ライティングとは照明のことです。最近のビデオカメラは、撮影時にある程度、適切な明るさに補正してくれるものがほとんどですが、限度があります。**できるだけ明るい環境で撮る**ようにしましょう。

左が暗い部屋の中で、右が適切なライティングで撮影した動画です。見比べてみると、違いは歴然としています。

3 画面構成の基礎知識

　画面構成も大切です。被写体があまりに遠すぎたり近すぎたりすると、視聴者は動画に集中できません。また、ずっと画面に動きがないままだと飽きてしまいます。そこで、発信するメッセージと画面の構成をうまく組み合わせる必要が出てきます。画面構成の基礎知識と、それぞれの効果について知っておきましょう。

●バストショット……基本となる画面構成

もっとも基本となる画面構成。ポイントは、画面の中心と顔の中心をぴったり揃えるのではなく、あごのあたりを真ん中に置くこと。画面構成をどう変化させるかによって、視聴者に与える印象をある程度コントロールできます。

●ズームショット……重要なことを話すときの画面構成

訴求したいキーワードを話すときなどは、ズームショットを使いましょう。手軽な手法ですが、あまりひんぱんに用いるとうっとおしい印象を与えてしまうので、ここぞというときにのみ使うのがコツです。動画冒頭のフックと組み合わせるのも、よく使われる手法です。

●ウエストショット……情報を付加するときの画面構成

ちょっとしたテロップやワイプ画面など、メインとなる撮影対象に別の情報を付加したいときは、このようにウエストショットで撮影します。

●フルショット……スケール感を伝える画面構成

背景と人物の対比やスケール感を伝えるとき、または人物全体に注目してほしいとき（ファッションなど）に活用します。「どこにいるか」がはっきりわかるので、店舗をPRする際などにも多用されます。

4 分割法で撮影する

　被写体となる人物の配置で悩んだ場合は、画像を縦横に3分割して考える「**分割法**」を取り入れてみるとよいでしょう。これは、カメラのフレームを縦横に3分割し、そこから被写体の位置やアングルを決める方法です。普段、私たちが何気なく視聴している動画やテレビ番組なども、この分割法によって撮影されているパターンが非常に多いのです。それ以外にも、プロの動画カメラマンが撮影する映像は非常に有用なものが多いので、画面構成に注意して見てみるとさまざまな発見があるでしょう。

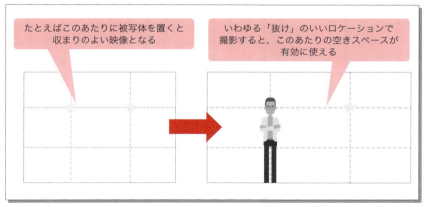

　分割法を利用した人物の立ち位置の例です。こういった映り方の場合、人物の背後は壁ではなく、海やまっすぐ伸びる道など、遠くまでの奥行を感じさせるロケーションを選ぶと、非常に「プロっぽい」映像になります。そのようなロケーションを「抜けのいい場所」といったりもします。

19 編集のコツ①　動画の「長さ」を意識する

撮影が終わったら、編集をする必要があります。その目的は、視聴者にとってより観やすい動画になるよう「形を整える」ことです。効果的な編集ができるよう、まずは動画の適切な長さについて知っておきましょう。

1　90秒～5分でまとめる

　例外はありますが、集客を目的とした動画の場合、**90秒～5分のあいだでまとめる**のが理想的な長さです。そこで意識したいのが、動画をシーンごとにわけ、それぞれの「区切り」を意識することです。具体的には、**1つのシーンにつき20秒以内**で区切って編集すると、テンポよく、短くまとまります。もちろん、やみくもに区切るのでは不自然な動画になってしまうため、あくまで自然なつながりを維持したまま、余計な部分はどんどんカットしていくのが基本的な編集方針です。自然なつながりを維持していく工夫などは後述しますが、まずはこの区切り方を念頭に置いたうえで、下の工程を参考に動画を編集してみてください。

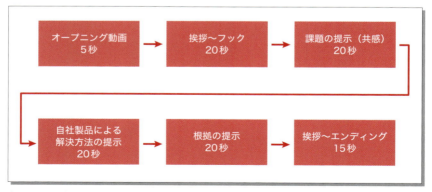

各シーンの概要と区切り方の例です。20秒を超える場合は、その中でメリハリがつくように心がけて編集するようにしましょう。

2 短くまとめる編集テクニック

　動画を「短くまとめる」といっても、伝えたい情報を早口で喋るということではありません。誰かのスピーチを注意深く聞くとよくわかりますが、話しているあいだというのは、不要な間が生まれたり、「えー」「あー」といった無意味な言葉を発してしまったりするものです。そして、編集によってこれらをカットするだけで、ぐっとテンポがよくなるのです。

　こういったことから、編集時には音声の波形が見えるソフトを使用するようにしましょう。音声波形では、「**言葉のヒゲ**」とも呼ばれる余計な声や音がどこにあるか一目でわかるため、効率的に編集ができます。また、こちらはテンポとは関係ありませんが、音の大きすぎる波形を潰して視聴者をビックリさせることのないよう処理（コンプレッサー機能）できるソフトもあるので、導入を検討してみるのもよいでしょう。

　そのほか、撮影時に「**編集点**」を意識して喋るのも効果的です。編集点とは、喋っていてうまく言葉が出てこなかったり、つい長くしゃべり過ぎてしまったりしたときに、2～3秒黙り込むことです。このように空白の時間をつくることによって、あとからカットしやすくなるのです。特に動画を撮影して最初のうちであれば、撮影の段階からテンポよく喋ることはほぼ不可能といっても過言ではありません。それだけに、このような編集点を多く入れておくことがリスクヘッジとなります。

動画編集ソフトには、このように、シーンと音声が同時に確認できるものもある（画面はPowerDirector）。

20 編集のコツ②
切り替え効果の使い方

シーンごとの切り替えは、ただスムーズに見えればよいというわけではありません。時には切り替え効果を使って、視聴者にもわかりやすく「次のシーンに入った」と理解してもらうことも重要です。ここではそんな切り替え効果の使い方について解説していきます。

1 どの切り替え効果をどう使うべきか

映像が切り替わったことを暗示する効果のことを「**トランジション**」といいます。一般的な動画編集ソフトであれば、トランジションとして数種類のエフェクトが用意されています。いずれも、あるシーンから別のシーンへつなげる場合に使用します。ただし、多用するとくどい印象を与えてしまうので、おおよそ**1本の動画に3回まで**を目安にするとよいでしょう。

「PowerDirector」では、映像切り替えのためのテンプレートをまとめた「トランジションルーム」が用意されている。

2 さまざまな切り替え効果

・クロスディゾルブ（フェード）

映画やドラマでも多用される、もっとも一般的なトランジションといってよいでしょう。現在のシーンが徐々に消えていく（フェードアウト）のと同時に、次のシーンが徐々に映り（フェードイン）、やがて完全に切り替わります。5分程度の動画であれば、最後の挨拶からエンディングにつなげる際などに使用すると効果的です。単に「フェード」と呼ぶこともあります。

・ホワイトアウト

画面が徐々に白くなっていくトランジションです。シーンとシーンをつなぐだけでなく、シーンからテロップのみの画面に移行するときに使用してもスムーズな印象を与えることができます。なお、徐々に暗くなっていく効果は「**ブラックアウト**」と呼びます。

・ワイプ

「拭う」という意味の通り、現在のシーンが上下左右にスーッと移動していくようなトランジションです。非常にわかりやすいので、屋内から屋外へ移動したときなど、トランジションの前後でロケーションが違うときなどに使用しましょう。

・ブロッキング

ブロックが崩れるように現在のシーンがバラバラになり、次のシーンに移行する効果です。動きが大きいため、視聴者の目を引くことができます。

POINT TikTokで流行の切り替え効果をチェックする

「TikTok」は若い人を中心に流行しているショート音楽動画コミュニティです。パンチのアクションとともに画面を揺らしたり、画面内に雨を降らせたりと、斬新な画面効果をふんだんに使用しており、勉強になります。

21 編集のコツ③ 字幕の使い方

編集をするうえで欠かせないのが、字幕です。スマートフォンから音声なしで視聴する人のため、というだけでなく、ユニバーサルデザインの観点からいっても、動画に字幕を入れるのは今や当たり前のことになりつつあります。

1 「位置」と「色」に注意する

　字幕を入れる際に重要なのは、適切な「位置」と「色」です。まずは位置についてですが、画面の一番下に入れるのがもっとも一般的です。色については、まず黒い帯を敷き、その上に白い文字を載せるのが基本となります。

画面下に黒い帯を敷き、白い字で字幕を流すと、このようになります。この動画では、1行に収まる短いセンテンスを多用する形だったため、一般的な字幕よりも一回り大きな文字サイズとなっています。

2 さまざまな字幕の入れ方

　字幕の基本は「画面下、黒地に白文字」ですが、もちろんそれだけではありません。以下に、さまざまな字幕の入れ方の例を挙げていきます。

■文字にフチ（シャドー）を付ける

大きめに字幕を入れたいけど派手な色は使いたくない、背景もしっかり見せたいといった場合は、このように白文字に黒いフチ（シャドー）を付けるのが効果的です。

■補色を使う

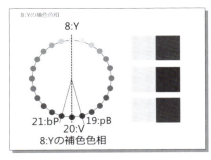

特に強調したい場合などは「補色」を意識するとよいでしょう。補色とは、ある色に対する正反対の色のことです。たとえば青い海をバックにする場合、青の補色はオレンジであるため、オレンジで字幕を入れれば目立つことになります。「補色」で検索すればかんたんにカラーチャートにアクセスできるので、参考にしてみましょう。

■パーツごとに分割して入れる

このように部位を説明する際など、字幕で長々と「画面左のパーツはUSBポートで……」などと説明するより、このように分割して入れたほうがわかりやすいです。

59

22 編集のコツ④ BGMの使い方

適切なBGMを選ぶことで、動画の完成度はぐっと高まります。しかし、動画投稿が一般的になった現在では、無料で使用できるBGMも非常に幅広いものになっています。どれを選ぶかも編集の腕の見せ所です。

1 シーン別 おすすめBGM

YouTubeには、著作権使用料無料で利用できる「オーディオライブラリ」（https://www.youtube.com/audiolibrary/）が用意されています。ここでは、そんなオーディオライブラリからおすすめのBGMを、シーン別に紹介していきます。

■「癒し」を訴求したいシーンの場合

癒しや安心感を訴求したい場合は、テンポがゆったりとしていて、ピアノやストリングスが使われているものを選ぶとよいでしょう。なお、1つの動画で2つ以上のBGMを使う場合は、あまり雰囲気の異なるものを選ぶのはやめておきましょう。

「Slowly Until We Get There」Joey Pecoraro

「If I Had a Chicken」Kevin MacLeod

「Sunn Forest」ELPHNT

「Bright Skies」Audio Hertz

「The Premier」United States Marine Band and Arthur S.Witcomb

■「活力」を訴求したいシーンの場合

　課題の解決をいきいきと訴求する場合など、「活力」を訴求したいシーンであれば、ビート感が前面に出ているものを選びましょう。また、エレキギターの音色が目立つようなロックテイストの強いものもおすすめです。そのほか、ブルースやジャズを使用すると、やや「渋い」印象になります。

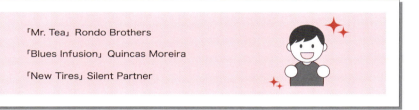

「Mr. Tea」Rondo Brothers
「Blues Infusion」Quincas Moreira
「New Tires」Silent Partner

■「幸福感」「うれしさ」を訴求したいシーンの場合

　商品やサービスを通した「幸福感」「うれしさ」を訴求したいシーンであれば、カントリーやファンクといった軽快なBGMがおすすめです。

「Acoustic Circles」Unicorn Heads
「Psychedelicacy」Doug Maxwell
「Dark Cloak」Density & Time
「Cycles」Density & Time

▶ POINT　外部のフリー音源サイトを利用する

「FREE BGM DOVA-SYNDROME」（https://dova-s.jp/）では、9,000曲以上のフリーBGMと1,000を超えるSE（効果音）が無料で使用できます。

第2章 集客につながる動画を作成する

23 成功した動画の ポイントを学ぶ

ひとたび人気に火がつくと、10万人、100万人といった規模の人々に視聴してもらえるのがYouTubeの魅力です。そのような大ヒットを狙わなくても、人気の動画を視聴してそのポイントを学ぶことは、動画づくりにおいて非常に大切な姿勢になります。

1 地方自治体PR動画やYouTuberから学ぶ

まず、明確にしなくてはならないことがあります。それは、動画で生計を立てるYouTuberと、集客を目的とした動画づくりを目指す本書の読者とでは、**重きを置くポイントが違う**ということです。言い換えれば、集客を目的とした動画は再生回数や話題性だけが成功のポイントではありません。

それでも、話題となった動画には動画づくりにおいて非常に参考になるポイントが数多く含まれています。

■あえてミスリードさせる 〜宮崎県小林市の移住促進PRムービー〜

https://www.youtube.com/watch?v=jrAS3MDxCeA

宮崎県小林市にやってきたフランス人男性が、フランス語で街の魅力を語ります。しかし、最後まで視聴すると、男性の話していたのはフランス語ではないとわかります。このように、あえてミスリードさせるのは非常に有効です。

■ 正反対の要素を組み合わせる 〜「わっきゃい」さんの動画〜

https://www.youtube.com/watch?v=18x1NaXR98A

間違えて知らない人に声をかけてしまった、というような"どうでもいい"出来事を大真面目のニュース風に放送する点がユニークです。「日常」と「ニュース」という正反対の要素を組み合わせると、非常に新鮮な印象を与えることができます。

■ トークで視聴者の心をつかむ 〜「イケハヤ大学」さんの動画〜

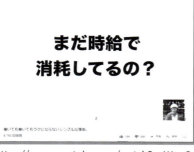

https://www.youtube.com/watch?v=WpnSzSUakKo

どうしたら「時給換算」のような旧態依然とした働き方の意識を変えられるか、わかりやすく、ていねいにトークしています。動画ではありますが、出てくるのは字幕だけです。このように、ラジオのような感覚で視聴者の心をつかむ方法も存在します。

⏸ POINT 終了画面用のエンディングを用意する

YouTubeの終了画面（Sec.33参照）という機能を使うと、動画の最後にボタンを配置することができます。このボタンは動画に重ねる形で5〜20秒間表示されるので、動画のエンディングとして、終了画面用のスペースをとっている動画も数多くあります。具体例としては、筆者の動画「https://www.youtube.com/watch?v=fEe9t5IjNWY」を参考にしてみてください。

COLUMN
ダメな動画になってない？　チェックリスト

　NG事項というほどではありませんが、「これをやってしまうと動画の見栄えが悪くなる」という決まり事のようなものは存在します。以下のチェックリストを確認してから撮影に臨むと、より完成度の高い動画をつくることができるはずです。

☑ **生活感が出過ぎていないか**

　服装や部屋はきちんと整えましょう。動画はくり返し観られるメディアです。身だしなみや部屋の清潔さは対面の何倍も気にする必要があります。

☑ **抽象的な言葉を使っていないか**

　喋る内容をもう一度チェックしてください。漠然と「頑張ります！」のような言葉を入れていませんか？　もし入れている場合は、必ず具体性を持たせましょう。

☑ **カメラの位置は適切か**

　カメラの位置は水平に保たれていますか？　特に、見下ろしてしまうような視線になってしまう（カメラの位置が低い）と、悪印象です。

☑ **音声はちゃんと聞こえるか**

　基本中の基本ですが、意外と忘れがちです。あとから見直して「声が聞こえない……」とならないよう、テストしてから撮影しましょう。

☑ **笑顔で自信をもって伝えているか**

　きちんと話すことに気を取られて、笑顔を忘れていませんか？　また、自信を感じさせるような話し方になっているでしょうか。きちんと練習してから臨みましょう。

☑ **カンペばかり見ていないか**

　台本は暗記するようにしましょう。しばしば目線がカメラの外に行ってしまうと、あまりよい印象を与えません。

第**3**章

YouTubeに動画を投稿する

Section24	投稿を継続する工夫
Section25	投稿の手順と制限を知る
Section26	YouTube Studio を表示する
Section27	動画をアップロードする
Section28	投稿動画の情報を編集する
Section29	タイトルと説明文の考え方
Section30	タグとハッシュタグで SEO を強化する
Section31	目を引くサムネイルを作成する
Section32	カードで別の動画に誘導する
Section33	終了画面で別の動画に誘導する
Section34	ブランディングを設定する
Section35	公開範囲と公開予約の設定方法
Section36	コメントと評価数の設定方法
Section37	ライブ配信でセミナーを開催する

24 投稿を継続する工夫

動画投稿を始めるとすぐ「投稿し続けることの難しさ」に突き当たるはずです。しかし、継続なくして集客はあり得ません。ここでは、無理なく継続するための工夫を紹介します。

1 無理なく続けるには？

　無理なく続けるコツの1つは、あまり**動画内容を凝り過ぎない**ことです。言い換えれば、動画の中で達成したい事項が1つでもクリアできていれば、あとは決まった流れで構いません。たとえば、Sec.13で解説したような冒頭のフックさえきちんとできていればよい、ということです。もちろん、動画にとってのプラス要素が多いに越したことはありませんし、よいアイデアを思い付いたなら実行すべきです。しかし**もっとも優先すべきは継続すること**です。まずは続けられる範囲でつくり込むことを心がけましょう。

　加えて、動画制作の過程をできるだけ定式化することも大切です。機材の用意から撮影、編集に至るまでをなるべく短時間で終わらせられるよう、工程の無駄を省くようにしましょう。

　初めから完璧な動画づくりをしようと意気込むと、あとが続かないことが多いものです。また、視聴者が必ずしも動画の「完成度」を求めているとは限りません。読者の問いに対する答えがきちんと提示されていればよいのです。

2 毎日投稿する必要はない

　動画の投稿ペースについて悩む方も多いでしょう。毎日投稿するのがよい、などといわれることもありますが、本業と両立させることを考えるとほぼ不可能です。それよりも、**毎週決まった曜日に1回投稿すること**をまずは目指しましょう。そうすることでスケジュールを立てやすくなるのはもちろん、視聴者も定期的に増加していきます。もし、あなたの休みが土日であれば、平日は空き時間30分ほどでシナリオや構成を考えたり、ネタを探したりするとよいでしょう。そのうえで、土曜に撮影〜編集、日曜に投稿、といったスケジュールであれば、無理なく進められるはずです。

3 ストックを用意しておく

　繁忙期など業務の都合上、決まったスケジュールどおりに動画を投稿できないこともあります。そういった時期が前もってわかっている場合は、余裕のあるうちに動画のストックをつくっておくことをおすすめします。

　そのために大切なのは、**常にネタと素材を探しておく**姿勢です。具体的には「**動画メモ**」という方法があります。これは、日ごろから目についたいろいろなものを動画としてスマートフォンに収めておくというだけの手法ですが、ネタ切れになったときにあとから見返すと、意外と役立つことが多いのです。もちろん、撮影してよいかどうか、また著作権や肖像権（Sec.17参照）を侵害していないかどうかといったことには常に配慮するようにしましょう。

数日で数十万再生を稼ぐような「バズる」ハプニング系の動画を撮る人は常にカメラを回しているものです。本来の集客の意図とは少し外れますが、その姿勢は見習うべきかもしれません。

4 いつから効果が表れるのか

　動画を投稿し始めて最初のころは、なかなか視聴回数が伸びないものです。友人や家族、親しくしている顧客に声をかけて観てもらったとしても、再生数は100回程度でしょう。それでも、週に1度以上のペースで適切な動画を投稿していれば、**早くて3〜5ヵ月を過ぎたあたり**から、再生回数が増えたり問い合わせがあったりします。下のグラフは、視聴回数などを確認できるYouTubeアナリティクス（第6章で解説）ですが、これを見ても、投稿直後の6月29日から約5か月後の11月14日を境に、徐々に視聴回数が右肩上がりになっていることがわかります。

　一方で、3ヵ月というのはなかなか長い期間であり、かなりの人がそれまでモチベーションを保てずにやめてしまったりするものです。まずは我慢して、**反応がなくても3ヵ月は頑張ってみましょう。**

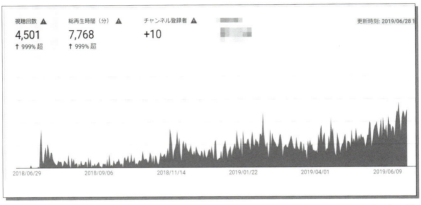

6月29日に投稿した動画が伸び始めたのは約4カ月後の11月14日。そこから視聴回数が右肩上がりになっているのがわかります。

5 なかなか効果が出ないときは？

　動画投稿を継続し再生回数が伸びても、肝心の問い合わせや集客に効果が見られないこともあります。こういったケースは、すでに同業他社が動画による集客を実践している場合に多く見られます。つまり、見込み客を他社に取られてしまっている状態です。ここで必要なのは、自分の動画が「魅力的なものに

なっているか」を見直すことです。

　まずは、動画のタイトルと説明文を見直しましょう。ただ動画の内容を要約したようなものになっている場合は、修正します。キャッチコピーのような感覚で引きの強い文言を入れるようにしてください。説明文も同様です。

　次に、**SEO（Search Engine Optimization）**対策を見直しましょう。SEOとは、検索エンジンに対する最適化のことで、検索に対して表示されやすくなるための工夫を意味しています。YouTubeにおいては、上述のタイトルや説明文はもちろん、タグやハッシュタグ（Sec.30参照）を工夫することが重要になります。

　そのほか解決法として有効なのは、**ヒットしている動画を研究**し、その要素を取り入れることです。「パクリ」になってしまってはいけませんが、動画の構成やカメラワーク、喋り方といった「型」に注目して取り入れると、ぐっとよい動画になったりします。

POINT　バックアップは必ず取ろう

動画を投稿する人にとって、もっともモチベーションの落ちてしまう事故といえば「動画データの消失」です。これを防ぐために、日ごろから必ずバックアップを取るようにしましょう。写真のような外付けHDD（写真はBUFFALOのHD-LDS8.0U3-BA）のほか、最近ではGoogleフォトのようなクラウドにバックアップする方法も知られています。

25 投稿の手順と制限を知る

撮影・編集のコツと、継続に対する心得を知ったところで、実際に動画を投稿するための手順と制限について学んでいきましょう。投稿に大きな制限はありませんが、アカウント認証を済ませていないと動画の長さで制限を受けるため注意してください。

1 撮影から投稿までの流れ

手順❶ デジタルビデオカメラやスマートフォンなどで動画を撮影します。

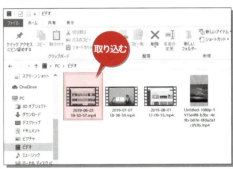

手順❷ 撮影した動画をパソコンに転送します。メモリーカードをパソコンに接続するか、USBケーブルで撮影に使用した端末を直接接続して、動画データをパソコンに取り込みます。

手順❸ パソコンに取り込んだ動画を、動画編集ソフトで見やすいように編集します。その後、YouTubeに投稿できる動画形式（次ページ参照）で書き出します。

手順❹ YouTubeに動画をアップロードします。その際に、動画のタイトルや説明文、公開範囲などを設定します。

2 YouTubeに投稿できる動画の形式

動画にはさまざまな形式（フォーマット）があり、その中でも以下のフォーマットであれば、そのままYouTubeにアップロードできます。近年発売されたカメラやスマートフォンであれば、まず問題ないと考えてよいでしょう。

▶ **YouTubeでサポートされている主な動画形式**

- .MOV ・.MPEG4 ・.MP4 ・.AVI
- .WMV ・.MPEGPS ・.FLV ・3GPP

3 投稿できる動画の長さ

YouTubeに投稿できる動画の長さは、デフォルトでは15分以内です。動画が15分を超えることは少ないかもしれませんが、Sec.10の方法でアカウント認証を行えば、最大12時間までの動画を投稿できるようになります。事前に行っておきましょう。

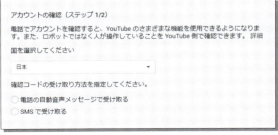

アカウントを認証すると、長い動画が投稿できるようになるだけでなく、ライブ配信も行えるようになります。

第3章 YouTubeに動画を投稿する

YouTube Studioを表示する

YouTubeには、動画の投稿者用に「YouTube Studio」という画面が用意されています。基本的に、動画投稿に関わる操作はYouTube Studioから行っていきます。ここではYouTube Studioの概要と、表示する方法を解説します。

1 YouTube Studioとは？

　YouTubeには、「視聴」に適した通常のトップ画面とは別に、「投稿者」向けの動画管理画面が用意されています。それが「**YouTube Studio**」です。YouTube Studioでは、動画の投稿から、投稿した動画の管理・編集、動画の分析（YouTubeアナリティクス、第6章参照）、コメントへの返信まで、投稿に関するあらゆる操作が可能になっています。2019年10月現在、YouTube Studioはベータ版のため、一部の機能は従来の投稿者向け「クリエイターツール」を使用するようになっています。しかし、今後は統合が進み、YouTube Studioに機能がまとめられていくと考えられます。

動画の管理や編集、分析などは、すべてYouTube Studioから行います。

72

2 YouTube Studio を表示する

手順① YouTubeのトップ画面を表示し、右上のアカウントアイコンをクリックして、＜YouTube Studio＞をクリックします。

手順② YouTube Studioのトップ画面が表示されました。画面左側のメニューから、動画の管理や分析、コメント返信などが行えます。

⏸ POINT YouTubeの画面に戻る

通常のYouTubeの画面に戻るには、YouTube Studioの画面右上のアカウントアイコンをクリックし、＜YouTube＞をクリックしましょう。

第3章 YouTubeに動画を投稿する

27 動画をアップロードする

ここからは、動画をアップロードする手順を詳しく解説していきます。基本的には、アップロードしたいファイルをクリックすればアップロードの処理が自動で行われるため、難しく考える必要はありません。

1 動画をアップロードする

アップロード時にはさまざまな設定を行えますが、あとから編集することも可能です。各設定について詳しくは、以降のページで解説していきます。また、アップロード時のデフォルト設定を変更することもできます（P.101のPOINTを参照）。

手順① YouTube Studioのトップ画面を表示し、右上の＜動画または投稿を作成＞をクリックし、＜動画をアップロード＞をクリックします。

手順② ＜ファイルを選択＞をクリックします。

手順③ ファイル選択ダイアログが表示されるので、投稿したい動画をクリックして、＜開く＞をクリックします。

74

手順❹ 動画のアップロードが開始されます。その間、動画タイトルと説明文（Sec.29参照）、タグ（Sec.30参照）などを設定し、＜次へ＞をクリックします。

手順❺ 再生リスト（Sec.43参照）に追加するか、カード（Sec.32）を追加するか、といった詳細情報を選択して＜次へ＞をクリックします。

手順❻ 公開設定を選択して＜完了＞をクリックします。

⏸ POINT　動画の視聴ページを表示する

アップロードした動画の視聴ページはYouTube Studioから表示できます。YouTube Studioの左メニューで＜動画＞をクリックし、見たい動画にカーソルを合わせてYouTubeアイコンをクリックしてください。

第3章 YouTubeに動画を投稿する

28 投稿動画の情報を編集する

投稿した動画のタイトルや説明文、タグといった情報は、あとから編集することができます。このとき、動画は個別に編集できるほか、複数の動画をまとめて編集することも可能です。それぞれの操作をマスターしておきましょう。

1 個別に動画情報を編集する

投稿した動画は、タイトルなどの情報を編集できます。まずは動画情報を個別に編集する方法を確認しましょう。

手順① YouTube Studioのトップ画面で＜動画＞をクリックします。

手順② 過去にアップロードした動画の一覧が表示されます。編集したい動画をクリックします。

手順③ タイトルと説明文（Sec.29参照）、タグ（Sec.30参照）、サムネイル（Sec.31参照）などを変更することができます。上部の＜標準＞タブと＜詳細＞タブで、情報を切り替えられます。

2 一括で動画情報を編集する

タイトルの冒頭にシリーズ名を追加したい場合など、複数の動画情報を一括で編集することができます。また、同じ操作で再生リスト（Sec.43参照）にまとめることも可能です。

手順① 前ページ手順❷の画面で、一括で編集したい動画のチェックボックスをクリックし、＜編集＞をクリックします。このとき、＜再生リストに追加＞をクリックすると、一括で再生リストに登録できます。

手順② 編集したい項目をクリックします。ここでは、＜タイトル＞をクリックします。

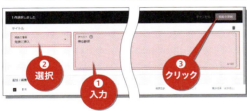

手順③ 追加したい文字を入力し、挿入箇所を選択して、＜動画を更新＞をクリックします。

🛑 POINT 簡易的な動画編集もできる

前ページ手順❸の画面で、左側の＜エディタ＞をクリックすると、YouTubeの動画編集画面が表示されます。この画面では、トリミングや音楽の追加などが行えます。ただし、ごく簡易的な機能しかないため、基本的には動画編集ソフトで編集を行いましょう。

77

第3章 YouTubeに動画を投稿する

29 タイトルと説明文の考え方

動画タイトルは、のちに紹介していくサムネイルとセットで重要な要素です。タイトルに何がどれくらい具体的に書かれているかによって、視聴者にクリックしてもらえるかどうかが決まります。ここでは、それぞれのよい例と悪い例を紹介しつつ、タイトルと説明文の考え方を解説します。

1 よいタイトル例と悪いタイトル例

　タイトルと説明文は非常に大切です。なぜなら、視聴者の検索対象になるのは映像内に出てくる言葉でなく、タイトルと説明文だからです。まずなにより視聴者に見つけてもらうために、**検索されるであろうキーワードを盛り込む**ことが基本となります。そのうえで、タイトルで特に重要なのは、視聴者が思わずクリックしたくなるような文言にすることです。抽象的な表現では視聴者に響きません。**訴求内容とターゲットをあらためて整理し、具体性を持たせる**ようにしましょう。以下によい例と悪い例を挙げるので、読み比べてみてください。

▶ よい例

- ■横浜駅近くのワンコイン絶品餃子定食！
- ■中学生でもわかる！プログラミング言語「Python」の基本

➡具体的かつ訴求のポイントがはっきり盛り込まれている

▶ 悪い例

- ■おいしい餃子のお店です

- ■おすすめのプログラミング言語とは？

➡抽象的でタイトルからターゲットが読み取れない

2 よい説明文の例と悪い説明文の例

　続いて、説明文です。基本的にはタイトルと同様に、適切なキーワードを盛り込むことと、わかりやすく具体的に書くことが重要です。ただし、説明文は文章の形になるため、キーワードを盛り込む際は、ただ羅列するのではなく、

自然な文章の流れの中で表現するようにしてください。**特に重要なキーワードは、説明文の最初の部分に入れる**と目に入りやすくなります。キーワードの選定には、Googleトレンド（https://trends.google.co.jp）やgoodkeyword（https://goodkeyword.net/）を利用して、人気のものやその類義語を探してもよいでしょう。ただし、**動画の内容と無関係なキーワードを入れるのはNG**です。

▶ **よい例**

横浜駅西口から徒歩5分のところにある「●●飯店」の餃子定食を食べてきました。たっぷり10個の餃子が食べられるのに、価格は驚きの500円。おまけにご飯大盛無料とコスパも抜群です。さらに今回は、自宅でも再現できるプロの焼き方を、店主さんに伝授してもらいました。（お店のURL）
➡ キーワードを盛り込みつつ、自然な文章になっており、動画の内容もわかる

▶ **悪い例**

餃子　横浜　コスパ　食レポ　中華　グルメ　駅チカ　タピオカ　大食いプロのレシピ（お店のURL）

➡ キーワードの羅列だけで、動画の内容がわからない。また無関係なキーワードを設定している

筆者が実際に投稿している動画のタイトルと説明文です。タイトルと説明文にキーワードを入れて一目で伝わるようにしています。

第3章 YouTubeに動画を投稿する

30 タグとハッシュタグでSEOを強化する

タグとハッシュタグは、動画内容を表すキーワードのことで、設定することで関連動画や検索に影響します。SEO対策としてどちらも重要ですが、それぞれの効果は少し違います。両者の特性をしっかり把握したうえで使いこなしましょう。

1 タグとハッシュタグの違い

タグは、「その動画が何についての動画なのか」をYouTube側に知らせるためのキーワードです。視聴者からは見ることができません。では、具体的にどのような効果があるのでしょうか。たとえば「サッカー」というタグを設定して動画を投稿したとします。すると「サッカー」で検索したときの結果に表示されやすくなったり、サッカー関連の動画を見ている視聴者に対し、あなたの動画が「関連動画」として表示される可能性が高くなったりします。ただし、タグはあくまでも補足的なものなので、タイトルや説明文に入力したキーワードの方が重要視されます。

タグは、動画の編集画面（Sec.28参照）の「タグ」という部分で、好きな言葉を設定できます。

タグとハッシュタグは、動画の編集画面（Sec.28参照）で設定・確認することができます。

一方の**ハッシュタグは動画の「説明」欄に設定する**もので、半角の＃（シャープ）のあと、その動画に関係するワードを入れればハッシュタグとなります。これは**視聴者の検索により直接かかわります**。たとえば「＃サッカー」というハッシュタグを設定すれば、それをクリックするだけで同じハッシュタグを設定している動画がまとめて表示されるのです。同じキーワードでの投稿を瞬時に検索することができるため、趣味・関心の似たユーザーどうしで話題を共有しやすいというメリットがあります。またもちろん、「説明」欄にキーワードを追加することになるので、検索結果や「関連動画」に表示されやすくなる効果もあります。

2 タグ付けの際の注意事項

　SEO対策としても有効なタグ付けですが、注意すべきこともあります。違反をくり返しているとペナルティーを受けることもあるので、気を付けましょう。

・スペースを入れない

　ハッシュタグにはスペースを入れません。ハッシュタグとして2つの語句を使いたい場合は、「＃人気のラーメン」のように1つの言葉にまとめます。なお、タグではスペースを付けて登録できます。

・大量のタグを付けない

　1つの動画に対して大量のハッシュタグを登録してはいけません。これは、キーワードと関連度の低い動画を、検索結果に表示されないようにするためのルールです。1つの動画で15個を超えると、その動画のハッシュタグがすべて無視されるほか、アップロード動画や検索結果から動画が削除される可能性も出てきます。タグについては、YouTube側は明言していませんがハッシュタグと同じように考えてよいでしょう。

・動画と無関係のタグを付けない

　流行に乗りたいからといって、動画に無関係なタグやハッシュタグを付けてはいけません。たとえば、釣り具についての解説動画なのに「タピオカ」といった流行語をタグとして設定するといったことです。

第3章 YouTubeに動画を投稿する

31 目を引くサムネイルを作成する

サムネイルとは、動画のスタート時に表示される画像のことで、「動画の顔」ともいえる大切な要素です。検索結果一覧の中で、もっとも目を引くサムネイルの動画をクリックしたという経験は誰しもあるでしょう。ここでは、そんな魅力的なサムネイルのつくり方を解説していきます。

1 目を引くサムネイルをつくるコツ

目を引くサムネイルをつくるには、いくつかのコツがあります。まずは最低限、以下のコツを意識してみましょう。

・情報は絞る

たとえば飲食店の情報であれば、**いちばん訴求したい料理の写真とキャッチを1〜2行程度**入れるのがいいでしょう。住所や電話番号など、伝えたい情報をすべて1枚の画像の中に載せてしまうと視聴者は混乱してしまいます。

・文字は太く、目立たせる

細い明朝体などを使ってしまうと、小さなサイズで見たときに目立たず、視聴者に読んでもらえません。YouTubeはスマートフォンの小さな画面から多く視聴されています。そのため、**できるだけ太く目立つフォントを使う**ようにしましょう。

・色に統一性を持たせる

初心者がやってしまいがちなのが、とにかく目立つ色（レインボーなど）で文字を載せてしまうことです。あえて悪目立ちさせることでクリックさせる手法もあるにはありますが、信頼感が重要な集客の動画には向きません。サムネイル内でメインとなる色は何か把握し、**統一感のある色使い**を目指しましょう。

以上を踏まえた上で、よい例と悪い例を実際に見比べてみましょう。もちろんこれが絶対の正解ではありませんが、参考にしてみてください。

▶ よい例

- 伝えたい要点がはっきりしている
- フォントに黒いフチを付けており読みやすい（食品の場合、寒色系の文字色は避ける傾向にある）
- 小さなイラストを入れて空きスペースを有効に使っている
- 写真がはっきりわかる

▶ 悪い例

- 情報が多すぎて、どれを見ればよいのかすぐにわからない
- 不必要に傾きを付けているため読みづらい
- メインの食材が文字で隠れている
- 食材とフォントの色が似ていて読みづらい

2 サムネイルのつくり方

　よい例と悪い例がわかったところで、サムネイルをつくる手順を確認しましょう。画像に文字が載せられる機能を持つものであれば何でも構いませんが、ここではPowerPointを使った方法を紹介します。なお、**サムネイルの縦横比は「16：9」**が推奨されています。PowerPointはデフォルトで「16：9」になるため便利です。

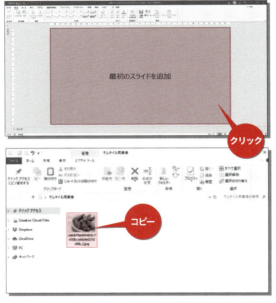

手順❶ PowerPointを起動し、最初のスライドをクリックします。このとき、縦横比が左図と異なる場合は、＜デザイン＞タブの＜スライドのサイズ＞から、＜ワイド画面（16：9）＞を選択しましょう。

手順❷ サムネイルにしたい画像を選択し、、Ctrl + C を押してコピーします。

手順❸ PowerPointで Ctrl + V を押してペーストします。左右の余白が気になる場合は、画像の四隅をドラッグして拡大し、スライドのサイズより大きくなるようにします。スライドからはみ出した部分は、最後の保存時には書き出されません。

手順❹ ＜挿入＞タブをクリックして＜テキストボックス＞をクリックし、文字を入れたい場所をクリックして入力します。

手順❺ 入力した文字を全選択して右クリックし、文字の大きさや色を変更します。どの程度変更すればいいかは、P.83の例を参考に調整してください。

手順❻ それだけではあまり目立たないと感じた場合は、＜挿入＞タブの＜ワードアート＞からフチ付き文字を作成しましょう。もしくは入力した文字を全選択し、＜図形の書式＞タブの＜ワードアートのスタイル＞から変更します。

手順❼ 作成が終わったら、＜ファイル＞をクリックし、＜名前を付けて保存＞をクリックして、「JPEGファイル交換形式」を選択して＜保存＞をクリックします。

85

3 カスタムサムネイルを登録する

サムネイルを作成したら、さっそく動画に登録しましょう。自作したサムネイルは「カスタムサムネイル」と呼ばれます。なお、カスタムサムネイルはSec.10のアカウント認証を行わないと登録できないので注意してください。

手順❶ YouTube Studioのトップ画面で＜動画＞をクリックし、サムネイルを登録したい動画をクリックします。

手順❷ ＜サムネイルをアップロード＞をクリックします。

手順❸ 作成したサムネイル画像を選択し、＜開く＞をクリックします。

手順❹ カスタムサムネイルが登録されました。＜保存＞をクリックして操作を終了します。

第3章 YouTubeに動画を投稿する

32 カードで別の動画に誘導する

再生画面に表示されるカードを使えば、動画再生中に画面右上でさまざまな宣伝が可能です。関連する動画コンテンツや自社サイトへのリンク、アンケートなど、動画をさらにインタラクティブにできます。1つの動画に最大5枚のカードを追加することができます。

1 カードとは？

カードとは、**動画の再生中に表示される追加コンテンツ**のことです。動画の右上に「おすすめ」などの形でカードアイコンが表示され、それをクリックすると、おすすめの動画や再生リストを表示することができます。まずは自分の動画を紹介し、視聴者の回遊率を上げる目的で使うのがよいでしょう。カードにはいくつかの種類があります。

カードの種類	説明
動画または再生リスト	アップロード済みの動画や、再生リストを紹介できます。視聴者が気になりそうな動画を選びましょう。
チャンネル	ほかのチャンネルを紹介できます。投稿に使っている自分のチャンネルは設定できません。
アンケート	選択形式のアンケートを設定できます。視聴者の意見を拾う手段として便利です。
リンク	自社サイトなどへの外部リンクを設定できます。使用条件については P.93 を確認してください。

動画再生中、右上にカードアイコンが表示されます。これをクリックするとカードが表示され、ほかの動画に誘導することができます。

87

2 カードを設定する

手順① P.76手順❸の画面で<カード>をクリックします。

手順② <カードを追加>をクリックします。

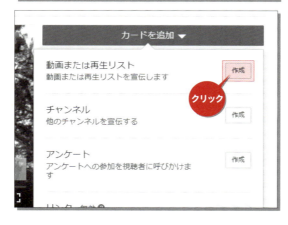

手順③ カードの種類が表示されます。ここでは、「動画または再生リスト」の<作成>をクリックします。

手順④ カードに表示したい動画や再生リストをクリックし、＜カードを作成＞をクリックします。なお、画面下部の＜ティーザーテキストの〜＞をクリックすると、カードアイコンの文字（ティーザーのテキスト）や、動画を補足する文字（カスタムメッセージ）を設定できます。

手順⑤ 灰色のバーを左右にドラッグして、カードを入れたい時間を選びます。カードを複数設定する際は、カード同士が近くなり過ぎないようにしましょう。

⏸ POINT カードを編集／削除する

設定したカードを編集するには、「使用したカード」に表示されている鉛筆アイコンをクリックします。また、クリックしたあとにゴミ箱アイコンをクリックすると、カードを削除することもできます。

第3章 YouTubeに動画を投稿する

33 終了画面で別の動画に誘導する

終了画面は動画の最後の5～20秒に、ほかの動画をおすすめしたり、Webサイトへ誘導したり、視聴者にチャンネル登録を施したりする目的で追加することができます。終了画面は、25秒以上の動画に対して設定することが可能です。

1 終了画面とは？

終了画面とは、**動画の最後に追加できるコンテンツ**のことです。動画や再生リスト、チャンネル登録ボタンなどを、5～20秒の間で表示することができます。終了画面では、カードとは違い、自分のチャンネル登録を促せるのがメリットです。積極的に使っていきましょう。

終了画面の種類	説明
動画	表示する自分で動画を選択できるほか、最新の動画や視聴者に適した動画を自動で表示することができます。
再生リスト	再生リストを紹介できます。
登録	チャンネルの登録ボタンを表示できます。
チャンネル	自分以外のチャンネルを表示できます。
リンク	自社サイトなどへの外部リンクを設定できます。使用条件については P.93 を確認してください。

終了画面では、ほかの動画への誘導や、チャンネル登録を促すことができます。

2 終了画面を設定する

手順① P.76手順 ❶〜❷ の方法で「動画の詳細」画面を表示し、＜エディタ＞をクリックします。

手順② ＜終了画面を追加する＞をクリックします。

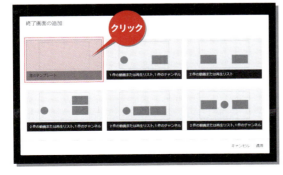

手順③ 「終了画面の追加」画面ではテンプレートを選択できます。ここでは＜空のテンプレート＞をクリックします。

手順4 図の位置を左右にドラッグし、終了画面の開始位置を設定します。次に、＜＋終了画面＞をクリックし、＜動画＞をクリックします。

手順5 どのような動画を表示するかを選択します。ここでは＜最新のアップロード＞をクリックします。

手順6 同様に、＜＋終了画面＞→＜登録＞の順にクリックすると、チャンネル登録ボタンを追加できます。

手順7 追加された要素は、ドラッグすることで配置を移動できます。設定が完了したら、＜保存＞をクリックします。

POINT 外部リンクの使用条件

カードと終了画面では、自社サイトなどの外部リンクを設定することができます。動画から直接、自社サイトに誘導することができるため、集客を目的とする場合には非常に魅力的な機能です。しかし、外部リンクを設定するには、以下の条件があります。

●使用条件

・YouTube パートナープログラムに参加する
・リンクしたいサイトを、Google アカウントに関連付ける

YouTube パートナープログラムへの参加とは、わかりやすくいえば「収益化の設定をすること」です。P.180でも解説していますが、この設定をするには「チャンネルの過去12か月間の総再生時間が4,000時間」かつ「チャンネル登録者が1,000人」という条件を満たす必要があります（2019年10月現在）。
チャンネルを開設したての頃には厳しい条件ですので、外部リンクの使用については、チャンネルの運用が軌道に乗ってから考えましょう。
リンクしたいサイトを Google アカウントに関連付ける方法は、YouTube ヘルプに詳しく書かれていますのでご参照ください。

YouTube ヘルプ「動画と関連ウェブサイトをリンクする」（https://support.google.com/youtube/answer/2887282）

第3章 YouTubeに動画を投稿する

34 ブランディングを設定する

ブランディングとは、動画の右下に、ロゴなどの画像の透かしを追加できる機能のことです。設定した画像にカーソルを合わせると、チャンネル登録を促すボタンが表示されます。集客の観点からも、必ず設定しておきたい機能です。

1 ブランディングとは？

　ブランディングを設定すると、**動画の右下に画像の透かしが表示される**ようになります。これによって、誰がその動画を作成したのか、あるいはどんなチャンネルから配信しているのか、といったことをわかりやすく伝えられます。しかし、集客の観点から考えると、**設定した画像から直接チャンネル登録を促せる**ことが最大のポイントです。パソコン版YouTubeの場合、画像にカーソルを合わせるとチャンネル登録ボタンが表示されるようになるのです。必ず設定しておきましょう。なお、2019年10月現在、チャンネル登録ボタンが表示されるのはパソコン版YouTubeのみです。スマートフォンの横向き時には表示されますが、タップできず、チャンネル登録ボタンも表示されません。

右下にあるのがブランディングのマークです。1度設定すればすべての動画に反映されるので、いちいち設定し直す必要はありません。

2 透過PNGのつくり方

　ブランディングに設定できる画像は、「**150x150ピクセル以上の正方形**」で、サイズは「**1MB未満**」にする必要があります。ちょうどよい画像を持っていない場合は、既存の画像を加工するか、イチから作成しなければなりません。また、画像は背景を透過させるときれいに表示されます。ここでは参考までに、Windows 10から標準搭載された「ペイント3D」を使って、「透過PNG」の画像を作成する方法を紹介します。

手順❶ Windows 10のスタートボタンをクリックし、＜ペイント3D＞をクリックします。ソフトが起動したら、＜新規作成＞をクリックします。

手順❷ ＜キャンバス＞をクリックし、＜透明なキャンバス＞をクリックしてオンにします。これで背景が透明になります。また、キャンバスの「幅」と「高さ」を正方形になるように設定します（ここでは、500ピクセル）。

手順❸ ＜テキスト＞をクリックし、＜2Dテキスト＞をクリックしたら、画面上をクリックして適宜、文字を入力します。

手順④ Ctrl + A を押して文字を全選択し、フォントの種類やサイズ、色を変更します。さらに、テキストボックスの外枠をドラッグして位置を調整します。

手順⑤ ＜2D図形＞の＜正方形＞を使って、左図のように枠線をつけてもよいでしょう。色は複数使わず、1色だけにするのがおすすめです。

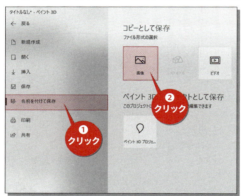

手順⑥ 画像が完成したら、画面左上の＜メニュー＞をクリックし、＜名前を付けて保存＞→＜画像＞の順にクリックします。

手順⑦ 保存場所を選択して、ファイル名を入力し、「ファイルの種類」が「2D - PNG」になっていることを確認して＜保存＞をクリックします。

96

3 ブランディングを設定する

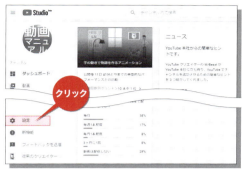

手順① YouTube Studioのトップ画面で＜設定＞をクリックします。

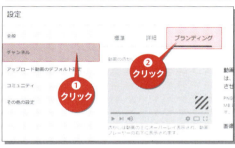

手順② ＜チャンネル＞をクリックして＜ブランディング＞をクリックします。

手順③ ＜画像を選択＞をクリックし、画像・ロゴの透かしとして使用する画像を選びます。

手順④ 画像・ロゴの透かしの表示位置を選択してクリックします。ここでは＜動画の最後＞をクリックして、＜保存＞をクリックします。

第3章 YouTubeに動画を投稿する

35 公開範囲と公開予約の設定方法

YouTubeにおける動画の公開範囲は3種類です。誰でも視聴可能な「全体公開」、リンクを知っている人だけが視聴可能な「限定公開」、動画投稿者以外は視聴できない「非公開」です。また、公開日時を指定する「公開予約」を行うこともできます。

1 限定公開にする

　特に投稿して最初のうちは、アップロードして初めて不適切な部分に気付いたりするものです。そのようなときに慌てないように、いきなり全体公開にするのではなく、まず**限定公開にしてチェック**することも検討しましょう。限定公開は、動画のリンク（URL）を知っている人だけが視聴できる方式です。このような公開設定は、動画の投稿時だけでなく、投稿後にあらためて設定することもできます。

手順❶ YouTube Studioで＜動画＞をクリックし、動画の一覧から、公開設定を変更したい動画をクリックします。

手順❷ 画面右下にある＜公開設定＞をクリックし、＜限定公開＞をクリックします。

98

2 非公開にする

　動画を非公開に設定すると、投稿者本人以外は視聴できません。非公開動画は、**チャンネルページの「動画」タブにもYouTubeの検索結果にも表示されません。**設定の手順は限定公開と同じです。なお、一度非公開にしたからといって再生回数がリセットされるような仕様はありません。

3 公開予約する

　公開予約をすると、公開の日時をあらかじめ設定することができます。設定した公開日時の前に、SNSなどで公開の告知をしておけば、より効率的に多くの人に視聴してもらえます。

手順❶ P.98手順❷の画面で、＜非公開＞をクリックします。

手順❷ 公開日時を設定して、＜完了＞をクリックします。

36 コメントと評価数の設定方法

ほかのユーザーからの動画へのコメントは、デフォルトで書き込み可能になっていますが、コメントを不許可にしたり、投稿されたコメントを自分が確認したあとに公開を許可したりすることもできます。また、動画の評価数の表示についても切り替え可能です。

1 コメントの設定をする

Sec.15で説明した通り、コメントは「コミュニティ」をつくることにつながります。デフォルトの設定のまま、コメントは許可にしておいてよいでしょう。もし、コメントの内容が気になるようであれば、**コメントを確認してから公開するように設定**できます。なお、コメントはYouTube Studioの＜コメント＞画面から返信できます。

手順❶ P.76手順❸の画面で、＜詳細＞をクリックします。

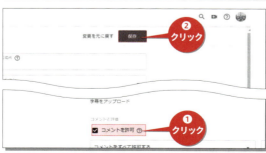

手順❷ コメントを不許可にする場合、＜コメントを許可＞をクリックしてチェックを外し、＜保存＞をクリックします。

2 評価数の表示・非表示を切り替える

「この動画の評価をユーザーに表示する」の設定もデフォルトでオンになっています。これは、ほかの視聴者がこの動画ページを閲覧した際に高評価の数と低評価の数を見ることができる状態を意味しています。非表示にしたい場合は以下の手順を参照してください。

手順① 動画の評価数を非表示にする場合、＜この動画の評価をユーザーに表示する＞をクリックしてチェックを外し、＜保存＞をクリックします。

手順② 評価数が非表示になり、ほかのユーザーからは評価数がわからなくなります。評価ボタンは常に表示されるので、高評価あるいは低評価を付けること自体は可能です。

⏸ POINT アップロード時のデフォルト設定を変更する

YouTube Studioの左下にある＜設定＞をクリックし、＜アップロード動画のデフォルト設定＞をクリックすると、アップロード時のデフォルト設定を変更できます。ここでは、コメントや評価数の設定はもちろん、タイトルや説明の定型文を設定することも可能です。

第3章 YouTubeに動画を投稿する

ライブ配信でセミナーを開催する

今やさまざまな動画サービスでライブ配信を行うことが可能になりました。その中でも、YouTubeのライブ配信は知名度や安定感、使いやすさなどの面で他を圧倒するクオリティです。視聴者が増えてきたら、ぜひライブ配信を行ってみましょう。

1 ライブ配信を有効にする

　YouTubeライブのよいところは、**リアルタイムで視聴者とコミュニケーションできる**ことです。この点を生かして、質問にその場で答えるQ&A、商品紹介、Webセミナー、リアルタイムの実況放送など、ビジネスのタイプに合わせてさまざまなアイデアを具現できます。また、ライブ配信後の動画アーカイブはほかの動画と同じようにチャンネル内に保存されます。保存期間の制限はないので、あとから自分のチャンネルから動画の1つとして視聴することも可能です。

　そんなライブ配信を行うためにはまず、ライブストリーミングを有効にする必要があります。

手順❶ YouTube Studioのトップ画面を表示し、画面右上のカメラのアイコンをクリックして、＜ライブ配信を開始＞をクリックします。

手順❷ ライブ配信用のアカウントが有効になるまでは、24時間程度かかります。有効になったら、すぐにライブ配信を開始できます。

2 ストリーミング配信を開始する

　パソコンにWebカメラが搭載されていれば、非常にかんたんにライブ配信を始めることができます。以下の手順を参考にしてください。

手順❶ YouTube Studioのトップ画面を表示し、画面右上のカメラのアイコンをクリックして、＜ライブ配信を開始＞をクリックします。

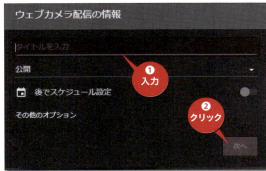

手順❷ 「ウェブカメラ配信の情報」画面で、配信のタイトルを入力し、＜次へ＞をクリックします。

手順❸ ライブ配信が開始されます。

3 高度なライブ配信を行う

別画面のキャプチャを表示しながら配信をするなど、より高度なライブ配信を行うにはエンコードソフトを使います。エンコードソフトとは、パソコン、カメラ、マイクなどを同時に取り込んでYouTubeでライブ配信ができるソフトのことで、おすすめは**Open Broadcaster Software（OBS）**です。これはYouTubeライブ認証の基準を満たしている、動画の録画とライブ配信を行える無料のオープンソースソフトウェアです。公式サイト（https://obsproject.com/）からダウンロードし、インストールしておきましょう。

手順❶ 前ページ手順❶の操作を行い、＜エンコーダ配信＞をクリックして設定します。OBSのトップ画面で＜設定＞をクリックします。

手順❷ ＜配信＞をクリックして、「サービス」から＜YouTube/YouTube Gaming＞を選択し、ストリームキーを入力します。ストリームキーは、YouTubeライブの画面で確認できます。

手順❸ ＜配信開始＞を開始すると、配信が開始されます。このとき、＜ソース＞をクリックすることで、カメラと画面のキャプチャーを一度に配信することもできます。

第4章

チャンネルで顧客を囲い込む

Section38 チャンネルを整備する重要性

Section39 カスタマイズの準備をする

Section40 チャンネルアートを設定する

Section41 プロフィールアイコンを設定する

Section42 説明文とメールアドレスを設定する

Section43 再生リストのしくみと活用方法を知る

Section44 チャンネルの紹介動画を配置する

Section45 人気動画の一覧をトップに配置する

Section46 シリーズ化した動画をトップに配置する

Section47 動画内にチャンネル登録の導線をつくる

COLUMN 炎上対策をする

第4章 チャンネルで顧客を囲い込む

38 チャンネルを整備する重要性

> チャンネルは、YouTube内に開設できる自分専用のホームページのようなものです。チャンネルはカスタマイズすることができ、チャンネルを整備することが集客へとつながります。ここでは、チャンネルの重要性について、あらためて確認しましょう。

1 チャンネルの重要性

　チャンネル登録者数が多いことは、動画の再生回数に直結するうえ、チャンネルとコンテンツへの信頼感にも寄与します。集客していくにあたって、チャンネル登録者を増やすことは必要不可欠といってよいでしょう。では、そのためにはどうすればよいでしょうか？　もちろん、質のよい動画を投稿することが第一条件です。ですがそのうえで、「**チャンネルがどのような方針で運営されていて、どんな動画が投稿されているのか**」を伝えることも大切になってきます。

　チャンネルは、その見た目をカスタマイズすることができます。チャンネルは視聴者との接点であり、「玄関」であるともいえます。チャンネルに登録してもらい、「ファン」のような存在になってもらうためにも、チャンネルをきちんと整備しておきましょう。

チャンネルをカスタマイズすると、このようになります。一目でチャンネルのイメージが伝わり、かつ視聴しやすいように動画が整理されている状態が理想です。

2 チャンネルに表示される情報とは？

チャンネルをカスタマイズする前に、チャンネルにはどのような情報が表示されるかを確認しておきましょう。基本的には以下の6つのタブについて、覚えておけばよいでしょう。

❶ホーム：新しい視聴者向けのチャンネル紹介動画、直近でアップロードされた動画などを表示できます。そのほか、おすすめのチャンネル（自分が別に運営しているチャンネルなど）を掲載することができます。

❷動画：これまで投稿した動画コンテンツが一覧表示されます。チャンネルを訪れたユーザーがさまざまな過去のコンテンツを視聴し、よりチャンネルへの理解を深めるきっかけになります。

❸再生リスト：一つ一つの動画が一覧表示されるのではなく、テーマごとにまとめられた「再生リスト」の一覧が表示されます。

❹コミュニティ：チャンネル登録者向けに、アンケート、GIF、テキスト、画像、動画を投稿できます。コミュニティのタブは、1,000人以上のチャンネル登録者がいないと表示されません。

❺チャンネル：そのチャンネルのアカウントが宣伝しているほかのチャンネル一覧が表示されます。

❻概要：チャンネルの説明文やメールアドレス、リンクなどが表示されます。

第4章 チャンネルで顧客を囲い込む

39 カスタマイズの準備をする

動画投稿を通した集客を目的としてチャンネルをつくるのであれば、きちんとカスタマイズする必要があります。カスタマイズの設定でチャンネルの見栄えを整えられるだけでなく、プライバシーの設定、検索されるためのキーワード設定なども可能です。

1 カスタマイズの準備をする

　チャンネルをカスタマイズしていくためには、事前にカスタマイズ設定をオンにする必要があります。

手順❶ YouTubeトップ画面右上のアイコンをクリックして＜チャンネル＞をクリックします。

手順❷ ＜チャンネルをカスタマイズ＞をクリックします。

手順❸ 画面右側にある歯車のアイコンをクリックします。

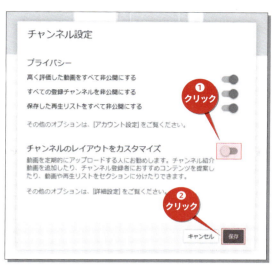

手順❹「チャンネル設定」画面が表示されます。＜チャンネルのレイアウトをカスタマイズ＞をクリックしてオンにし、＜保存＞をクリックします。これで、次ページ以降で解説していくカスタマイズが可能になります。

POINT プライバシーの項目について

手順❹の画面には「プライバシー」という項目が表示されています。これは、このチャンネルのアカウントが高く評価した動画や、登録したチャンネルの公開／非公開を設定するものです。これらのコンテンツを公開すると視聴者との接点が増えるため、とくに「高く評価した動画」は公開に変更しておくことをおすすめします。

POINT 詳細設定を確認する

手順❹の画面で＜詳細設定＞をクリックすると、さらに詳細な設定が可能です。中でも「チャンネルのキーワード」はSEO対策として重要です。「千代田区　求人」といったように、きちんと設定しておきましょう。

109

40 チャンネルアートを設定する

チャンネルアートは、そのチャンネルの印象を視覚的に印象付ける要素です。派手な配色で目立たせる手法もありますが、集客を目的とするのであれば、信頼感につながる落ち着いたイメージを心がけたほうがよいでしょう。

1 チャンネルアートを設定する

　チャンネルアートとは、チャンネルの上部に表示される帯状の画像のことです。集客では信頼感が大切になります。奇抜な画像で目立たせるよりは、**落ち着いた雰囲気のもの**で信頼感を演出しましょう。推奨サイズは2560×1440ピクセルの画像ファイルで、ファイル形式はJPG、PNG、GIFが使用可能です。ファイルサイズは6MB以下にしましょう。

手順❶ P.108手順❸の画面で＜チャンネルアートを追加＞をクリックします。

手順❷ ＜パソコンから写真を選択＞をクリックします。

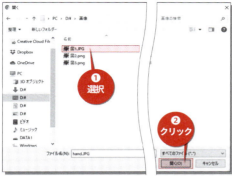

手順❸ チャンネルアートとして設定したい画像を選び、＜開く＞をクリックします。すると、アップロードが開始されます。

手順❹ 画像の表示位置を調整したい場合は、＜切り抜きを調整＞をクリックします。

手順❺ 枠の四隅をドラッグして拡大／縮小し、枠内をドラッグして移動します。調整が済んだら、＜選択＞をクリックします。

手順❻ チャンネルアートが設定されます。

第4章 チャンネルで顧客を囲い込む

41 プロフィールアイコンを設定する

プロフィールアイコンは、チャンネル名の横に表示されるアイコンです。こちらもチャンネルの「顔」としての役割を果たしますが、ほかの要素に比較して小さく、かつ丸型であるため、こまごまとした画像は適しません。視認しやすい画像を選んだうえで、設定の方法を見ていきましょう。

1 プロフィールアイコンを設定する

　プロフィールアイコンに設定できるのは、JPG、GIF、BMP、PNGのいずれかの形式のファイル（アニメーションGIFは不可）です。画像の大きさは800×800ピクセルが推奨されています。そのほか気を付けるべきこととして、プロフィール画像は画像は丸く切り取られるということがあります。そのため、**なるべく正方形に近いものを選ぶ**と、欠けが少なくなります。

手順❶ チャンネルのカスタマイズ画面でアイコンにカーソルを合わせ、鉛筆マークをクリックします。

手順❷ 確認画面が表示されたら、＜編集＞をクリックします。

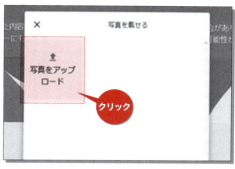

手順❸「写真を載せる」画面が表示されたら、＜写真をアップロード＞をクリックします。

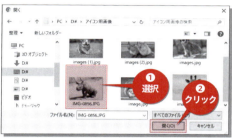

手順❹ プロフィールアイコンとして設定したい画像を選んで＜開く＞をクリックします。

手順❺ P.111手順❺と同様に画像を調整し、＜選択＞をクリックすると、プロフィールアイコンが設定されます。

🛈 POINT アイコン選びのコツ

アイコンは小さく表示されるものです。そのため、引きの構図で撮影した風景写真などをアイコンにしてしまうと、何が写っているのかわからず、効果が半減してしまいます。そのため、アイコンを選ぶ際はできるだけ寄りで撮影された画像や顔のイラストなどを使うようにしましょう。

第4章 チャンネルで顧客を囲い込む

42 説明文とメールアドレスを設定する

チャンネルの内容を伝える説明文は、簡潔にまとめるだけでなく、キーワードを入れることが鉄則となります。また、動画を見てピンときた視聴者がすぐコンタクトを取れるように、メールアドレスを設定しておくことも忘れないようにしましょう。

1 説明文を設定する

説明文は最大1000文字まで記述できますが、改行もなしにダラダラと書いては視聴者の読む気を削いでしまいます。説明文はあくまで**簡潔に記し、かつ検索されやすいキーワードを入れる**ようにしましょう。また、のちに紹介するメールアドレスとは別に、電話番号などの連絡先も明記するとよいでしょう。

手順① チャンネルのカスタマイズ画面で＜概要＞をクリックします。

手順② ＜チャンネルの説明＞をクリックします。

手順③ チャンネルの説明文を入力して、<完了>をクリックします。

2 メールアドレスを設定する

　たとえ動画に興味を持ってもらっても、肝心の連絡先が分からないと集客につながりません。そのため、**メールアドレス**を明記することは非常に重要です。忘れずに設定しましょう。

手順① P.114手順②の画面で、<メールアドレス>をクリックします。

手順② メールアドレスを入力し<完了>をクリックします。

⏸ POINT　情報を編集するには？

登録した情報を編集したい場合は、カーソルを合わせて鉛筆のマークを表示させ、クリックすると、すぐに編集画面にアクセスできます。

115

43 再生リストのしくみと活用方法を知る

配信する動画が多くなってきた場合、そのままでは過去の動画が奥の方に隠れてしまい、チャンネルに訪問した視聴者には見つけにくくなってしまいます。そこで便利なのが、再生リストです。コンテンツを整理したうえで、視聴者に宣伝することができます。

1 再生リストを作成する

よほど人気のあるチャンネルでもない限り、過去の動画を探してまで観てもらえるケースは多くありません。そこで利用したいのが、**再生リスト**です。再生リストを利用すると、好きなテーマで動画をまとめることができます。そのため、初めてチャンネルにやってきた視聴者にとってわかりやすいのはもちろん、動画の管理にも役立ちます。

手順① チャンネルのカスタマイズ画面で＜再生リスト＞をクリックします。

手順② ＜新しい再生リスト＞をクリックします。

手順❸ 再生リストのタイトルを入力し、＜作成＞をクリックします。

手順❹ ＜編集＞をクリックします。

手順❺ ＜動画を追加＞をクリックします。

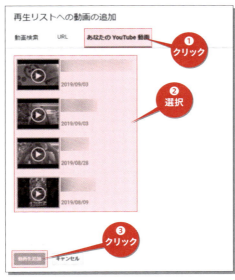

手順❻ ＜あなたのYouTube動画＞をクリックし、リストに追加したい動画をクリックして選択して、＜動画を追加＞をクリックします。

第4章 チャンネルで顧客を囲い込む

44 チャンネルの紹介動画を配置する

チャンネルの紹介動画は、チャンネル未登録のユーザーがチャンネルを訪れたときに自動で再生される動画のことです。チャンネルアートやアイコンと同様、そのチャンネルが何を伝えたいのか一目でわかるため、ぜひ配置しておくべき要素といえます。

1 新規訪問者向けの動画を配置する

手順❶ チャンネルのカスタマイズ画面で＜新規の訪問者向け＞タブをクリックし、＜チャンネル紹介動画＞をクリックします。

手順❷ アップロード済みの動画が一覧表示されます。紹介動画として配置したい動画のサムネイルを選んでクリックし、＜保存＞をクリックします。

2 紹介動画を作成するときのポイント

　チャンネルのトップ画面に掲載する紹介動画は、初めてあなたのチャンネルに訪問してきた人が視聴して、あなたのチャンネルに興味を持ってもらうためのコンテンツです。そのため、**「視聴者は自分を知らない」という意識を持って動画をつくる**ことが重要になります。そのほか、第2章で解説したように、簡潔でフックのある動画であることも重視すべきです。

　なお、設定したチャンネル紹介動画では、**再生終了とともにチャンネル登録のボタンが表示されます**。これはつまり、紹介動画が魅力的でさえあれば、初めて来訪する視聴者にすぐチャンネル登録してもらえる機会になり得るということです。

　以下は筆者のチャンネルの紹介動画です。目を引くサムネイルと動画タイトル、情報が簡潔にまとまった説明文などを意識して設定しました。もっとも、この動画でチャンネルの概要がすべて伝わるわけではありません。この動画はあくまで、筆者のサービスの1つを訴求する内容に過ぎないのですが、もっとも力を入れているコンテンツなので、紹介動画として設定しています。

https://www.youtube.com/user/michirokawasaki

　「視聴者は自分を知らない」という意識を持つといっても、ダラダラと自己紹介する動画を設置するということではありません。シンプルに「一番出来がよい」と感じられる動画や、「いま一番PRしたい商品やサービス」の動画を設置してもよいのです。

第4章 チャンネルで顧客を囲い込む

45 人気動画の一覧をトップに配置する

特に観たい動画が決まっていないとき、なんとなく人気の高い動画から順に視聴していくという人は多いはずです。同様に、チャンネル内で人気動画の一覧をトップに配置しておくと、初めてチャンネルを訪れた視聴者にとって親切といえるでしょう。

1 「セクション」機能で"魅せる"

チャンネルのトップ画面では、「セクション」という機能を使うことで、**視聴者に見てほしい動画を配置**することができます。セクションは、何らかの動画グループを表示する形になっており、中でも代表的なのは、チャンネルで人気の動画を配置することです。セクションの種類はさまざまで、10個まで配置できます。また、セクションには縦表示と横表示があるので、チャンネル画面に変化をつける効果もあります。

2 人気動画の一覧をトップに配置する

手順① チャンネルのカスタマイズ画面で＜セクションを追加＞をクリックします。

手順② 動画をどのような順番で並べるかを設定できる「コンテンツ」と、動画の並べ方を設定できる「レイアウト」が表示されます。＜コンテンツを選択してください＞をクリックします。

手順❸ ＜人気のアップロード＞を選択してクリックします。

手順❹ 人気のアップロード順に並んだ動画のリストが追加されました。

⏸ POINT　レイアウトを縦表示にする

P.120手順❷で＜レイアウト＞をクリックして＜縦に表示＞をクリックすると、各要素を縦に並べることができます（上画像が横表示、下画像が縦表示）。

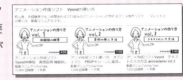

121

第4章 チャンネルで顧客を囲い込む

46 シリーズ化した動画をトップに配置する

セクション機能の活用例として、前ページで解説した「人気動画」と同じく代表的なのは再生リストの活用でしょう。セクションと再生リストを組み合わせると、シリーズ化した動画をまとめて表示することができます。

1 再生リストをトップに配置する

手順① P.121手順❸の画面を表示し、＜1つの再生リスト＞をクリックします。

手順② ＜再生リストを検索＞をクリックして、表示したい再生リストを選択します。適宜、「レイアウト」の設定をして、最後に＜完了＞をクリックします。

手順③ 再生リストの中身が、セクションとして配置されました。

第4章 チャンネルで顧客を囲い込む

47 動画内にチャンネル登録の導線をつくる

チャンネル登録者を増やすには、チャンネルのカスタマイズだけでなく、動画内にチャンネル登録の導線をつくることも効果的です。ここでは、チャンネルを登録してもらうための動画の工夫を2つ解説します。

1 終了画面でチャンネル登録を呼びかける

チャンネル登録の導線としてもっとも基本的なものは、動画の**終了画面**でチャンネル登録を呼びかける手法です。終了画面まで観てくれた視聴者はある程度、あなたの動画に関心があるということなので、終わり際でチャンネル登録を呼びかけると効果的です。

終了画面まで見続けてもらうには、相応の工夫が必要です。動画の効果的な構成については第2章を、終了画面についてはSec.33を参照してください。

2 動画内で直接チャンネル登録を呼びかける

こちらは、YouTuberがよく行う手法です。終了画面だけでなく**動画内でも「チャンネル登録をお願いします」と、直接視聴者に呼びかける**という形です。この場合はチャンネル登録だけでなく、自社サイトや連絡先への誘導を合わせて呼びかけるなど、より柔軟な発信が可能になります。話し言葉ならではの強みを生かして、視聴者の印象に残るように工夫しましょう。

COLUMN

炎上対策をする

　YouTubeはさまざまな人たちが視聴しており、あなたが発信した情報についてあなた以上の知見を持っている人がいる可能性もあります。そのため、投稿者本人には何の悪意もなかったとしても、ちょっとした情報の間違いなどがきっかけになって批判のコメントが相次ぐなど「炎上」と呼ばれる状況に陥ってしまうこともあります。

　それではもし、「炎上」してしまったらどうすればよいのでしょう。ここでは、「誤解されるような情報を配信してしまった」ことが炎上につながったと仮定し、もっともよい対策を解説します。

①問い合わせのコメントは放置しない

　思い切って無視してしまうという人も中にはいますが、信頼感が重要である動画の集客では、そのような措置は致命的です。可能であれば、一つ一つのコメントに対して経緯の説明をするようにしましょう。

②誹謗中傷は非表示にする

　YouTube Studioの左メニューから設定をクリックし、「コミュニティ」のメニューを開くと、不適切なコメントやすべてのコメントを一時保留の形にできます。

③動画のタイトルと説明文を変える

　動画のタイトルに「〇〇の可能性あり」というように、誤解をあらかじめ防ぐようなワードを入れておくのも手です。加えて、説明文にも同様の記載をしておくとよいでしょう。

第5章

自社サイトやSNSと連携して売上につなげる

Section48	「集客」を「売上」につなげるために
Section49	動画に自社サイトへのリンクを貼る
Section50	チャンネルに自社サイトへのリンクを貼る
Section51	ブログ内に動画のリンクを貼る
Section52	自社サイトでチャンネルを宣伝する
Section53	Twitter や Facebook、メルマガで動画を紹介する
Section54	YouTube 広告で自社商品を宣伝する
COLUMN	QR コードを活用する

第5章 自社サイトやSNSと連携して売上につなげる

48 「集客」を「売上」につなげるために

動画をたくさん見てもらうだけでは、集客にはなっても、売上には結びつきません。そして、実際に売り上げをつくるのは自社サイトです。ここでは、YouTubeと自社サイトを連携する重要性について解説します。

1 連携することの重要性

集客の最終的な目的は、売上であるはずです。YouTubeで動画を見てもらうことは、あくまでもその第一歩にすぎません。YouTubeで動画を見てもらうことで、興味を喚起し、信頼を生み、自社サイトでの購入や実店舗への来店につながって初めて売上になってきます。

そのためには、**YouTubeと自社サイトをつなげる方策**が不可欠です。YouTubeから自社サイトへ来てもらうための「入口」をつくるほか、自社サイトからYouTubeに誘導する施策も行いましょう。

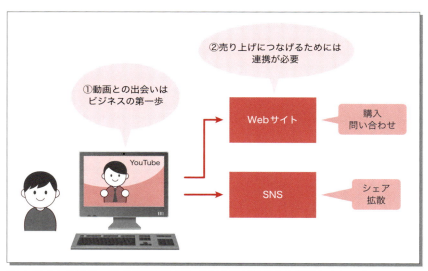

Webサイトのほか、SNSを利用している場合はぜひそれも活用しましょう。

2 「動画」から「サイト」への入口をつくる

　動画によって新しい顧客と出会うことができても、「次」につながる情報が書かれていなければすぐに離れられてしまいます。「次」につながる情報とは、**自社サイトへのリンク**や、商品を紹介している動画であれば**商品ページへのリンク**などです。なるべく多くの箇所に、サイトへの「入口」となるリンクを配置しましょう。詳しくはSec.49、50で解説します。

筆者の動画の「概要」欄です。サービスごとにURLを貼り、誘導を促しています。最近では、動画のタイトルに「概要欄もご覧ください」などと書かれているものもよくあります。

3 「サイト」から「動画」へのアプローチも効果的

　「動画からサイトへ」という流れとは逆に、**自社サイトから動画やチャンネルに誘導する**ことも効果的です。なぜなら、サイトでは文字や画像がメインコンテンツとなりますが、動画では投稿者の人となりなど、文字だけでは伝わりづらい情報を伝えることができるからです。また、いろいろな動画を見てもらえれば顧客とのつながりがより深まります。施策について詳しくは、Sec.51、52で解説します。

この例では、自社サイトでアニメ制作ソフトのメリットについて語ったあと、実際どのようなアニメが制作できるのかを動画で解説しています。

127

第5章 自社サイトやSNSと連携して売上につなげる

動画に自社サイトへのリンクを貼る

視聴者のほとんどは、まず動画の再生画面に訪れます。動画の再生画面には自社サイトなどへのリンクを貼っておきましょう。これには、説明文に記載する方法と、終了画面／カードを使う方法があります。

1 説明文にリンクを貼る

　動画の説明文には、自社サイトやSNSへのリンクを積極的に貼りましょう。動画編集画面の「説明」欄で**URLを入力すれば、自動的にリンクとして認識される**のでかんたんです。パソコン版YouTubeの場合、説明文の冒頭3行は常に表示され、4行目以降は省略されて＜もっと見る＞ボタンが表示されます。このしくみを利用して、3行目までにリンクを設定するのもひとつの方法です。ただし、スマートフォンでは説明文が非表示になるので、基本的には説明文の後半に掲載するのがおすすめです。

動画マニュアルYouTube
チャンネル登録者数 1.19万人

https://animedemo.com/
プロ並みのアニメーションが作れる「YouTubeでも話題」のアニメツールVyond Studio
まずは、14日の体験版をお試しください。
https://animedemo.com/trial/

カテゴリ　　　　ハウツーとスタイル

animedemo　webdemo　Vyond Studio　アニメーション　アニメ制作　自作アニメ
動画マーケティング　チュートリアルムービー

一部を表示

　説明文にリンクが表示されていれば、動画の内容に興味を持った視聴者の導入がスムーズになります。説明文の編集画面にアクセスする方法は、Sec.28を参考にしてください。

2 終了画面とカードを使う

終了画面とカードの機能を使うと、動画の再生中に、**自社サイトなどへの外部リンクを貼る**ことができます（Sec.32、33参照）。とくに動画の最後に表示される終了画面を使うと効果的です。ただし、P.93で解説した通り、使用するには条件があります。条件を満たすことができたらぜひ設定しましょう。

終了画面は、その名の通り動画を終わり近くまで見ないと表示されません。そのぶん興味を持ってくれている可能性は高いということであり、効率的な誘導が期待できます。

動画右上に表示されるカードは、終了画面ほど目立たないので、登場させるタイミングをきちんと考える必要があります。動画内で紹介した商品などのリンクを、ベストなタイミングで表示させるようにしましょう。

第5章 自社サイトやSNSと連携して売上につなげる

50 チャンネルに自社サイトへのリンクを貼る

自社サイトへの導線は、多ければ多いほどよいといえます。特に、チャンネルを訪れた顧客はあなたの商品・サービスへの関心が高い傾向にあるため、しっかりと自社サイトへのリンクを設置しておく必要があります。

1 チャンネルにリンクを貼る

チャンネルでは、「概要」タブと、チャンネルアートの右下部分にリンクを設置できます。設定の手順は以下の通りです。

手順❶ P.108手順❸のチャンネルのカスタマイズ画面で＜概要＞をクリックします。

手順❷ ＜リンク＞をクリックします。

手順③ リンク名とURLを入力し、＜完了＞をクリックします。

手順④ チャンネルの「概要」欄に、設定したリンクが表示されます。

手順⑤ 設定したリンクは、チャンネル画面右上にもアイコンとして表示されます。

🛈 POINT　SNSのリンクも登録できる

手順③の画面で、リンク先に自分のSNSアカウントのURLを入れ、＜完了＞をクリックすると、TwitterやInstagramなどを登録できます。

第5章 自社サイトやSNSと連携して売上につなげる

51 ブログ内に動画のリンクを貼る

動画で集客する動画マーケティングを行う上で、YouTubeをブログに埋め込むことは大きな効果があります。しかし、埋め込む方法に一手間加えることが大切です。ここではブログへのYouTube埋め込みのポイントを解説します。

1 動画のリンクを貼るメリット

　自社をPRするための手段として、**ブログ**を活用している方は多いでしょう。事実、ブログはSEO対策の上でもいまだ有効な手段です。検索上位に表示されるためには、検索エンジンから「役に立つ」情報であると認識される必要がありますが、その基準の1つにサイトに対する「**滞在時間**」があります。その点において、テキストを読ませる媒体であるブログは比較的この滞在時間を稼ぎやすく、検索エンジンから評価されやすいのです。

　そのような性質を持つブログにYouTubeの動画を埋め込むこともまた、非常に有用であるといえます。ブログの読者を動画の視聴者へと流入させられるという点はもちろん、**テキストならではの強みを生かすことができる**からです。たとえば、動画作成の裏話やエピソード、動画作成の経緯といった動画化しにくい要素をブログの記事にするのです。また、何らかの事情で動画を再生できないブログ読者のために、動画内容を文字で伝えるのもよいでしょう。テキストの分量も増えるため、検索エンジンにも認識されやすくなります。

テキスト主体のブログとYouTube動画を上手く組み合わせて、相乗効果を狙いましょう。

2 ブログに動画のリンクを貼る

手順① ブログに貼り付けたい動画ページを開き、動画の下の＜共有＞をクリックします。

手順② リンクの種類から＜埋め込む＞をクリックします。

手順③ ＜コピー＞をクリックします。ブログのHTMLにこのコードをペーストすれば、動画を埋め込むことができます。

第5章 自社サイトやSNSと連携して売上につなげる

52 自社サイトでチャンネルを宣伝する

見込み客の中には当然、YouTubeより先にあなたの会社のサイトを見たという人もいるでしょう。そのため、自社サイトでYouTubeチャンネルを宣伝しておく方法も有効です。

1 チャンネル登録のリンクを作成する

チャンネルのURLを工夫すると、チャンネル登録を促すリンクを作成することができます。「チャンネル登録はこちら」という説明書きとともに、Webサイトに設定しましょう。

URLは以下のようになり、赤字部分にチャンネルIDもしくはユーザーIDをコピー&ペーストします。

http://www.youtube.com/channel/○**チャンネルID**○?sub_confirmation=1

https://www.youtube.com/user/○**ユーザーID**○?sub_confirmation=1

なお、チャンネルIDは該当するチャンネルにアクセスしてURLを確認すると調べることができます。

赤色の部分がチャンネルIDです。

このURLにアクセスすると、以下のような画面が現れます。このように、YouTube→自社サイトという導線だけでなく、さまざまな方向からコンテンツに誘導する意識を身に付けておくことが重要です。

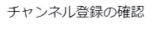

いきなりチャンネル登録の確認画面に飛ぶため、チャンネルにリンクさせるよりも登録者数の増加という点では効果的ですが、何の説明もなしにリンクだけ貼ってしまうとむしろマイナスのイメージにつながってしまうため注意が必要です。

⏸ POINT　YouTube Subscribe Buttonを使用する

YouTubeは、「YouTube Subscribe Button」というWebパーツを提供しています。このボタンは上記で解説したリンクと同様に、クリックすることでチャンネル登録を促す画面に移動します。YouTubeのデベロッパーズページ（https://developers.google.com/youtube/subscribe）の、画面左側にある「ボタンを設定する」からコードを作成できます。

⏸ POINT　カスタムURLについて

チャンネルを作成したばかりのときは、チャンネルIDにはランダムな文字列が設定されています。しかし、「チャンネル登録者数が100人以上」「チャンネルを作成してから30日以上経過」などの条件を満たすと、「カスタムURL」と呼ばれる覚えやすいチャンネルIDを設定できるようになります。条件を満たした段階でメール通知が届くので、届いたら設定するようにしましょう。

第5章 自社サイトやSNSと連携して売上につなげる

53 TwitterやFacebook、メルマガで動画を紹介する

SNS全盛の昨今、これを集客に利用しない手はありません。うまく活用することでYouTubeの視聴回数を伸ばせるだけでなく、たくさんのフォロワーを獲得できる場合もあります。本書で培った動画ノウハウも参照しながら、SNSやメルマガで動画を活用する方法について解説します。

1 Twitterで動画を紹介する

最初に解説するのは、**Twitter**です。Twitterは特に日本国内で強い人気があり、アクティブユーザー数は約4,500万人に及びます。それだけに情報の拡散速度も非常に速く、テレビやラジオといった旧来のメディアをしのぐこともしばしばです。動画も例外ではなく、面白かったり有用であったりする動画が投稿されると、1日で数万再生されることも珍しくありません。もちろん、そのような動画を継続的に投稿することは困難ですが、Twitterユーザーを自分のYouTube動画に導くことは、集客にも役立ちます。そのため、**YouTubeに動画を投稿したら、Twitterにも投稿する**とよいでしょう。

Twitterで好まれるのは時事性が強く、かつ前提となる知識なしに観られるコンテンツです。Twitterユーザーを意識した動画づくりを行う際には、頭に入れておくとよいかもしれません。

Twitterアカウントさえ持っていれば、P.133手順❷の画面から動画をTwitterに投稿できます。

136

2 Facebookで動画を紹介する

　FacebookはTwitterよりも実名で使用するユーザーが多く、より現実の人間関係を反映する傾向にあります。日本におけるアクティブユーザー数は約2,600万人と、Twitterほどではないにせよ無視できない規模です。何より、Facebookは実生活に根付いた使い方がなされるSNSだけに、**動画に対する共感が具体的なアクションに結び付きやすい**のです。そのため、投稿される動画に対しても「生活に役立つかどうか」「共感を促すかどうか」といったことが求められます。あなたの商品やサービスをどう訴求するか、腕の見せどころといえるでしょう。

こちらもTwitter同様、Facebookのアカウントさえ持っていれば、P.133手順❷の画面から動画を投稿できます。

3 メルマガで動画を紹介する

　そのほか上述のSNSより少し古いメディアとして、**メルマガ**（メールマガジン）があります。登録者向けにメールで有用な情報を定期的に送るというマーケティング手法ですが、こちらはSNSと違って**既存顧客向け**といえます。そのため、投稿する動画の内容だけでなく、「きちんと定期的に送れているか」といった「接触」に気を配れているかどうかが重要となります。YouTube動画を紹介するには、P.133の手順❷の画面で、表示されているURLを使います。

第5章 自社サイトやSNSと連携して売上につなげる

54 YouTube広告で自社商品を宣伝する

YouTube広告とは、YouTube内に表示される動画形式の広告のことです。自分の動画内だけでなく、別の人気動画でも自社商品を動画で宣伝できることから、大きな集客効果が見込めます。ここでは、そんなYouTube広告の特長と利用方法を解説します。

1 YouTube広告とは？

　時間と労力をかけて動画を作っても、多くの人に見てもらわなければ意味がありません。動画をより多くの人に届けるため（リーチさせるため）動画コンテンツを宣伝素材として活用することも施策の1つです。

　そこで有効なのが、**YouTube広告**です。再生ボタンをクリックしたあとに表示されることのある動画広告、と説明すれば多くの人が思い当たるでしょう。用途も多岐にわたり、見込み顧客の獲得やWebサイトのトラフィック、ブランドやキャンペーンの認知度向上、商品やブランドの購入促進などがあります。

YouTube広告は、いまや企業だけでなく個人レベルでも作成可能であり、うまく活用すれば大幅な集客アップが見込めます。

2 YouTube広告を投稿するには？

　YouTube広告を出稿するには、**Google広告**というGoogleの広告出稿サービスを利用します。Google広告は、YouTube広告だけでなく、Google検索にキーワード広告を掲載したり、Googleの提携サイトに広告を載せたりと、さまざまなWebサイトで多くのユーザーにリーチできるオンラインサービスです。

　Google広告はまた、広告を配信する地域や、性別、年齢、興味関心、言語など広告を表示するターゲット、表示させたくないコンテンツなども細かく設定できるのも特徴です。加えて、Googleアナリティクスと連携することで、販促効果の測定を行うこともできます。費用は1,000円以下の低額から設定できるため、気軽に試せるのもうれしいところです。

YouTube広告の公式ページ（https://www.youtube.com/intl/ja/ads/）から、画面右上の＜今すぐ開始＞をクリックすると、すぐに広告を出稿できます。

Google広告については、Google広告ヘルプ（https://support.google.com/google-ads/）で詳しく説明されています。

COLUMN

QRコードを活用する

　QRコードは、チラシなどのアナログな手法とYouTubeを結び付けてくれる数少ない方法であり、かつ非常に手軽につくることができます。インターネットで「QRコード作成」で検索するとさまざまなQRコードのサービスが見つかりますが、URLを入力するだけでよい「QRコード作成」がおすすめです（https://www.cman.jp/QRcode/）。

　QRコードができたら、その画像をチラシなど好きな媒体に入れるだけです。チラシを見たユーザーはモバイルからQRコードを読み込み、YouTubeの動画を閲覧できるしくみになります。スマホなどのモバイル端末から視聴されるケースがほとんどであるため、的確な情報も折り込みながら、飽きられずに見てもらう動画の長さとしてはおおよそ60秒程度が理想でしょう。

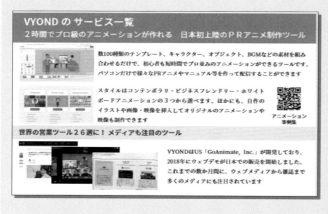

本やチラシといった紙のメディアに長々とURLを掲載してもまず見てもらえませんが、このようにQRコードとして載せておくと、見てもらえる確率が高まります。

　このように、アナログのメディアを通してYouTubeの動画を届けるしくみは、より広い顧客層にアピールできる方法としてさまざまな分野に応用が可能です。商品の紹介動画や中古車販売、おもちゃなどの紹介、セミナーの紹介、マニュアルのテキストと詳細動画など、チラシやカタログを使うビジネス分野であれば、いずれも効果を見込めるでしょう。

　QRコードの存在自体は、それほど新しくありません。しかし、誰もがモバイル端末を所有している現在にあって、組み合わせ次第では新たな集客のしくみが生まれる可能性を秘めています。

第6章

情報分析でYouTube
の運用を改善する

Section55　YouTube アナリティクスとは？

Section56　YouTube アナリティクスの基本操作

Section57　各レポート画面の要点を把握する

Section58　動画への流入経路を調べる

Section59　動画が最後まで見られているか調べる

Section60　人気の動画を調べる

Section61　ユーザーの属性を調べる

Section62　カードと終了画面の効果を調べる

COLUMN　クリエイターズアカデミーを活用しよう

第6章 情報分析でYouTubeの運用を改善する

55 YouTubeアナリティクスとは？

YouTubeアナリティクスとは、投稿した動画やチャンネルの動向を確認できるツールのことです。動画ごとの視聴回数といった基本的な情報はもちろん、動画への流入経路や視聴者の年齢層といったさまざまな統計データが把握できます。

1 YouTubeの統計データを確認できる

　動画投稿を継続し、視聴者数も増えてきたら、次の一歩としてぜひ活用したいのが**YouTubeアナリティクス**です。YouTubeアナリティクスでは、チャンネルや動画についてのさまざまな統計データを確認できます。具体的には、視聴回数、総再生時間、ユーザー層、デバイス、トラフィックソース（動画への流入経路）、設定したカードや終了画面の反応といったデータです。また、動画がどのユーザー層に人気なのか、あるいはどの時間帯に視聴されているのか、といったデータも把握できます。

　これらのデータを確認することで、**次に投稿する動画のヒントや、カードや終了画面の改善点を探ることができます**。何より、自分の投稿した動画に対するリアクションを数字で見られることは、モチベーションのアップにもつながります。ある程度、動画を投稿したら、毎日YouTubeアナリティクスを確認し、そこから戦略を立てる癖をつけましょう。

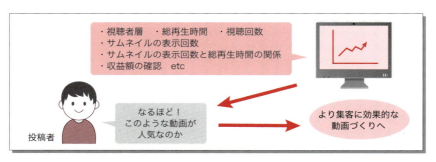

YouTubeアナリティクスには、動画やチャンネルを改善するための貴重な情報が詰まっています。ぜひ、効果的な動画づくりに生かしていきましょう。

2 チャンネル全体のYouTubeアナリティクスを表示する

手順❶ YouTube Studioのトップ画面から、＜アナリティクス＞をクリックします。

手順❷ YouTubeアナリティクスが表示されます。画面の詳しい見方は次ページから解説します。

POINT 個別の動画のYouTubeアナリティクス

YouTubeアナリティクスはチャンネル全体だけでなく、個別の動画についての統計も確認できます。自分の投稿した動画にアクセスし、＜アナリティクス＞をクリックすると、その動画だけのアナリティクス画面を見ることができます。

56 YouTubeアナリティクスの基本操作

YouTubeアナリティクスではさまざまな統計データやレポートを確認することができます。それだけに**画面構成はやや複雑**で、きちんと操作手順を押さえておく必要があります。確認したい情報にすぐアクセスできるようにしておきましょう。

1 期間指定の方法

YouTubeアナリティクスでは、**統計データの期間を指定**して調べることができます。たとえば、新しい試みを始めた時期からどれくらいの効果が出ているか知りたい、といったケースで役立ちます。

手順① YouTubeアナリティクスのトップ画面（P.143手順❷の画面）から、右上の期間のボタンをクリックします。

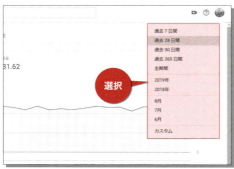

手順② 指定したい期間を選択し、クリックします。

2 比較の方法

　YouTubeアナリティクスでは、**動画同士の統計データを比較**することもできます。人気のある動画とそうでない動画の何が違うのかといったことを知りたい場合に有効です。

手順❶ Sec.55のPOINTを参考に、比較したい動画のアナリティクス画面を表示し、＜詳細＞をクリックします。

手順❷ 画面右上の＜比較＞をクリックします。

手順❸ 比較したい動画のタイトル、あるいはタイトルに使用されているワードを入力すると、検索結果が表示されます。比較したい動画をクリックします。

手順❹ 選択した動画の統計データを比較することができます。

3 グループ化する方法

YouTubeアナリティクスでひんぱんに比較する動画は、あらかじめ**グループ化**することで比較の手順を省略できます。たとえば「商品PR」の動画と「店内PR」の動画とでアクセスにどのような差があるのか毎日チェックしたい、といったケースで活用すると便利です。

手順① P.145手順②の画面左上の動画タイトル（もしくはチャンネルのタイトル）をクリックします。

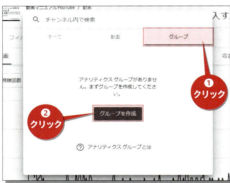

手順② ＜グループ＞をクリックして、＜グループを作成＞をクリックします。

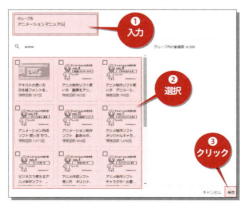

手順③ グループ名を入力し、そのグループに入れたい動画のチェックボックスをクリックしてグループに追加します。追加し終わったら＜保存＞をクリックします。なお、1つのグループにつき最大200個の動画が追加可能です。

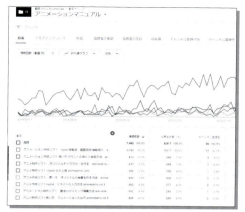

手順❹ グループごとの統計データを確認することができます。

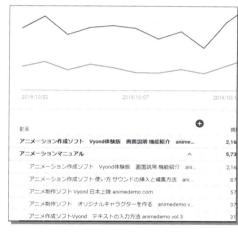

手順❺ 作成したグループは、P.145の方法で「比較」に使うこともできます。

POINT 表に指標を追加する

手順❺の画面で＜＋＞マークをクリックすると、平均視聴時間や平均再生率といった指標を追加でき、より多角的にグループごとの比較を行うことができます。

第6章 情報分析でYouTubeの運用を改善する

57 各レポート画面の要点を把握する

操作方法がわかったところで、各レポート画面の要点を確認していきましょう。データの詳しい見方はのちに解説していきますので、ここではざっくりと、それぞれの画面の趣旨を押さえていきます。

1 「概要」タブの見方

アナリティクスにアクセスした際、最初に表示されるタブが「概要」です。情報としては、画面右上で指定されている期間中の**視聴回数**、**総再生時間**、**チャンネル登録者数**、**収益額**が表示されます。画面下側には、アップロードしたものの中で人気の高い動画がランキング表示されるほか、直近48時間でよく見られている動画の視聴回数が表示される「**リアルタイム統計**」などがあります。

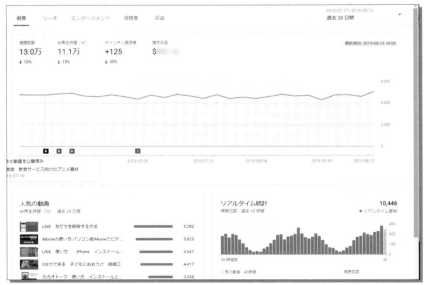

「概要」画面です。投稿した動画に対するもっとも基本的な統計データが一目で確認できます。

148

2 「リーチ」タブの見方

「概要」タブの右横にある「リーチ」タブをクリックすると、動画の**リーチ**についてのデータが見られます。リーチとは本来、ある広告に対してどれくらいのユーザーが閲覧したかを示すマーケティング用語です。ここでは、YouTubeでの**インプレッション数**（自分の動画のサムネイルがYouTubeに表示された回数）、インプレッションのクリック率、視聴回数（動画が視聴された「のべ回数」）、ユニーク視聴者数（同じ人が何度視聴しても「一人」としてカウントした視聴者数）といった情報を確認できます。

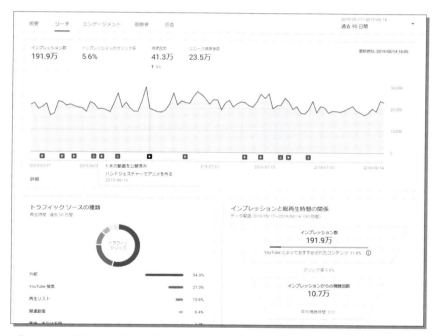

「リーチ」画面です。「どれだけ多くの人に、どのような経路で見られたか」に関する統計データを見ることができます。

3 「エンゲージメント」タブの見方

「**エンゲージメント**」もまた本来マーケティング用語であり、商品と消費者の間の結びつきの強さを表す言葉として使われてきました。YouTubeにおけるエンゲージメントは、動画に対する**視聴者からの好感度の高さ**であると考えてよいでしょう。実際に視聴された時間を表す総再生時間、どれだけ熱心に見られているかがわかる平均視聴時間が表示されています。画面の下部では、動画の途中で離脱されていないかを示す視聴者維持率や、動画への高評価率などを確認できます。

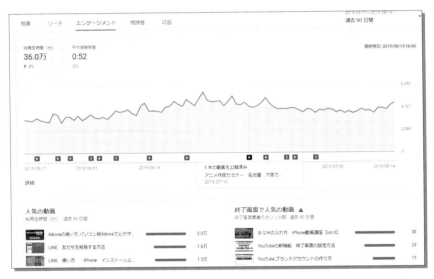

「エンゲージメント」画面です。本書のテーマである集客を考えるうえでは、非常に重要なデータが集約されています。

なお、こちらも「概要」と同様、画面下部に「人気の動画リスト」が表示されていますが、「概要」で表示されていたリストとは内容が異なります。「概要」における人気動画のリストは、動画の視聴回数で決まりますが、エンゲージメントにおける人気動画は、**総再生時間によって決まる**のです。

4 「視聴者」タブの見方

「視聴者」タブも、集客を考えるうえでぜひ参考にしたい指標が多くあります。「リーチ」タブにも表示されていた「**ユニーク視聴者数**」、視聴者あたりの平均視聴回数、チャンネル登録者数が画面上部に表示されます。画面下部では、視聴者の男女比や年齢層、国籍といったデータを確認できます。

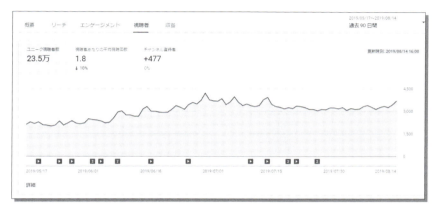

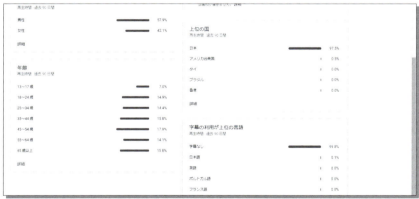

「視聴者」画面です。特に商品やサービスをアピールしたい動画の場合、ターゲットにしている年齢層や性別が限られる場合もあります。そのようなとき「視聴者」画面を確認すれば、ターゲットにしたい層にきちんと動画が届いているかを調べられます。

第6章 情報分析でYouTubeの運用を改善する

動画への流入経路を調べる

動画投稿をしていると、再生回数が思ったより増えないというケースや、再生回数は増えているもののその理由がわからないというケースに直面することがあります。そのようなときは、アナリティクスで動画の流入経路（トラフィックソース）を解析してみましょう。

1 トラフィックソースの見方

トラフィックソースとは、視聴者があなたの動画にどのような経路でアクセスしてきたかを示すデータです。トラフィックソースを確認することで、自分の動画にアクセスが集まりやすい流通経路を知ることができ、より効率的な集客につなげることができます。「リーチ」画面を表示すると、画面下部に、トラフィックソースに関する各種データが表示されています。次ページを参考に、各トラフィックソースを見ながら必要な施策を考えていきましょう。もっとも、施策を行ってすぐに効果が出るものではありません。1カ月、2カ月という長い視野で待つようにしましょう。

① トラフィックソースの種類

　視聴者がどのサイトからあなたの動画にたどり着いてきたかを示すグラフです。「外部」はGoogle検索などYouTube以外のWebサイトを表します。この例でいうと「再生リスト」からの流入が2.4％と低い点が気になります。再生リストの名前をもう一度見直すべきでしょう。

② インプレッションと総再生時間の関係

　インプレッションの数に比べてクリック率が1.8％と低いことがわかります。タイトルと説明文だけでなく、サムネイルもクリックを誘発していないと想定できます。サムネイルを魅力あるものに変えてみましょう。また、クリック率は動画をアップロードした直後に高くなる傾向があります。アップロード直後のSNSなどを通じた告知も忘れずに行うようにしましょう。

③ トラフィックソース：外部サイト

　①で解説したトラフィックソースのうち「外部」の詳細です。1位になっているのはGoogleではなく別の外部サイトで、アクセスしてみると弊社のコンテンツを紹介していました。この場合、お礼のメッセージを発信するなどして相互関係を発展させていけば、継続的な流入を見込めるでしょう。

④ トラフィックソース：関連動画／再生リスト

　あなたのチャンネルの関連動画や再生リストから流入してきた経路をより詳細に見ることができます。この例では、いずれもたった1つの関連動画や再生リストからアクセスされていました。このような場合、流入経路となった動画と再生リストをお手本にして、今後に生かしていくことが有効といえるでしょう。

⑤ トラフィックソース：YouTube検索

　YouTube検索であなたの動画にたどり着いた視聴者が、どのようなワードで検索しているかを示しています。この例では、主にアニメーションのつくり方を知りたくてアクセスしてくる人が多いとわかるので、そこから一歩発展させて「この検索ワードで調べる人が、そのほかに調べていそうな検索ワード」をタグに設定することを考えます。方法はかんたんです。実際に「アニメーション　作り方」で調べ、そのサジェストをチェックすればすぐに確認できます。

第6章 情報分析でYouTubeの運用を改善する

59 動画が最後まで見られているか調べる

PRの動画は、クリックされて再生数さえアップすればいいというものではありません。最後まで視聴してもらわないと、訴求したい商品やサービスの魅力が伝わらないからです。その意味で、「動画が最後まで見られているか」は重要です。ここではその調べ方を解説します。

1 「視聴者維持率」画面を表示する

Sec.19で確認したとおり、多くの動画は最初の20秒で離脱率が大きく左右されます。YouTubeアナリティクスでは、**視聴者維持率**を調べられます。これによって、動画のどこで離脱されていて、また、どこをくり返し見られているかがわかります。視聴者維持率は、個別の動画のアナリティクス画面で確認できます。

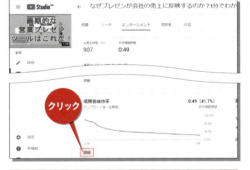

手順① Sec.55のPOINTを参考に、個別の動画のアナリティクス画面から＜エンゲージメント＞をクリックし、「視聴者維持率」の＜詳細＞をクリックします。

手順② 「視聴者維持率」画面が表示されます。

2 視聴者維持率の見方

視聴者維持率の画面では、動画の進行に応じて視聴者維持率のグラフが変化する様子がわかります。多くのグラフは以下のようなパターンに分類できます。

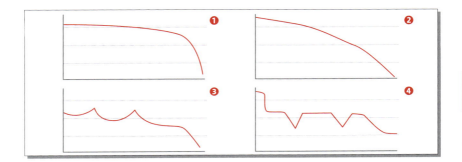

①平坦なグラフ

視聴者の多くが動画を最後まで見てくれている、もっとも理想的な形のグラフです。人気のある動画ほど、この傾向が強まります。

②右肩下がりのグラフ

動画の最後に向かって徐々に視聴者が離脱していく、一般的な形のグラフです。前ページ手順❷のグラフもまた、このタイプに分類されます。Sec.19で確認した「20秒の区切り」をもう一度意識して、視聴者を離さないようにしてください。

③山のあるグラフ

動画のある部分をくり返し再生、もしくは重点的に見ているグラフです。注目すべきは山の部分から谷の部分へと落ち込む瞬間の動画内容です。山の部分で画面に映っている要素を引き延ばす工夫を考えてください。

④谷のあるグラフ

動画の一部を早送り、あるいは飛ばして見ていることを表すグラフです。たいていは、「これ以上変化がないな」と視聴者が感じたことが原因です。②より起伏があるぶん、原因もわかりやすいケースが多くあります。

第6章 情報分析でYouTubeの運用を改善する

60 人気の動画を調べる

YouTubeアナリティクスでは、チャンネル内の動画の人気度を調べることができます。なぜその動画が人気なのかを考えることは、チャンネル全体のクオリティの底上げにもつながります。

1 「人気の動画」の詳細を表示する

人気動画の詳細画面には、「概要」画面もしくは「エンゲージメント」画面からアクセスすることができます。「概要」画面の場合は視聴回数によって、「エンゲージメント」画面の場合は総視聴時間によって人気動画が算出されますが、並べ替え条件が異なるだけで大きな違いはありません。並べ替え条件は、詳細画面からでも変更することができます。

手順① P.143の方法でチャンネルのアナリティクス画面を表示し、「概要」タブにある「人気の動画」の＜詳細＞をクリックします。

手順② 人気動画の詳細画面が表示されます。

2 「人気の動画」画面の見方

①インプレッション数

　YouTube上にサムネイルが表示された回数を表します。タグやキーワードの設定をはじめとするSEO対策の結果が顕著に表れる数字です。この数字が伸びないと、②以降の数字も伸びてきません。

②インプレッションのクリック率

　インプレッションを見た視聴者のうちどれくらいの割合がクリックしたかを表す数値です。サムネイルはもちろん、動画タイトルに必要な情報がきちんと入っているかをあらためて確認しましょう。

③視聴回数

　動画が視聴された回数です。一般的な動画投稿者はこの数字を重視しますが、集客、つまり売上アップを目標とする場合はこればかりを気にしては目的を見失ってしまいます。あくまで参考として、そのほかのデータとの兼ね合いで良し悪しを判断するようにしましょう。

④平均視聴時間

　平均視聴時間は動画の長さによって左右される数値であるため、これ単体で何かを判断するというタイプのデータではありません。ただし、動画1本あたりの時間をきっちり定めて投稿している場合や、個別に動画の全再生時間と比較する場合であれば、この数字ひとつで大まかな視聴者維持率までも推測できるため、便利なケースもあります。

⑤総再生時間

　総再生時間は、チャンネルの収益化を目指している人にとっては大きな意味を持つ数字となるでしょう。収益化には過去12カ月間で4,000時間以上の総再生時間が必須の条件となります。とはいえ、本書で強調している継続的な投稿を心がけていれば決して不可能な数字ではありません。

第6章 情報分析でYouTubeの運用を改善する

61 ユーザーの属性を調べる

商品やサービスの種類によっては、ある特定の属性のユーザー層のみをターゲットにしたものもあるでしょう。そうでなくても、どの層の人々から自分の動画が支持されているか知ることは、のちの戦略を考えるうえでも重宝します。

1 ユーザー層を分析する

YouTubeアナリティクスでは、ユーザー層＝視聴者層について調べることができます。年齢や性別といった基本的な情報だけでなく、どのようなデバイスやOSから見られているかといったことも知ることが可能です。

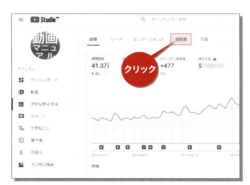

手順❶ YouTubeアナリティクスのトップ画面で＜視聴者＞タブをクリックします。

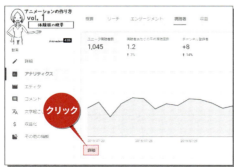

手順❷「視聴者」画面が表示されます。＜詳細＞をクリックします。

手順❸ 詳細画面が表示されます。この中のすべてをここで紹介することはできませんが、特に重要なものを取り上げて1つずつ以下に解説してきます。

2 ユーザー属性の各画面の見方

①視聴者の年齢

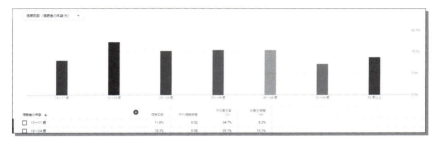

　自分の動画がどの年齢層に見られているのかがわかります。筆者のチャンネルの場合、ある年齢層が突出して高いわけではないとわかります。

②視聴者の性別

　視聴者の性別を確認できます。なお、これらの情報はYouTubeにログインしているユーザーのデータを基に解析しているため、視聴者すべての性別や年齢を把握できるわけではありません。

③デバイスのタイプ

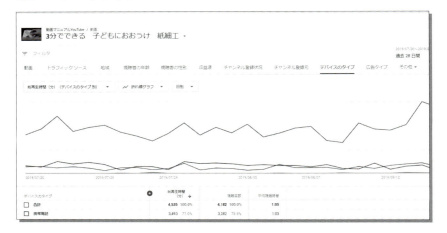

　携帯電話、パソコン、タブレット、テレビ、ゲーム機というデバイス別にユーザー層を見ることができます。特にスマートフォンをはじめとした携帯電話から多く視聴されていることがわかります。小さな画面でもPRしたい商品やサービスのメリットが理解できるよう、メリハリのある画面構成を意識すべきです。

④ OS

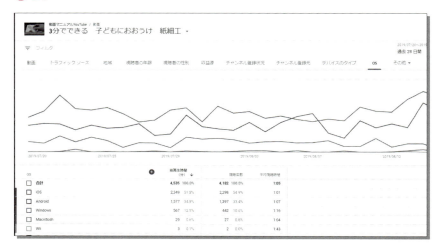

　視聴されているOSが確認できます。iOSはiPhone、WindowsはWindowsのPCを表しています。

第6章 情報分析でYouTubeの運用を改善する

62 カードと終了画面の効果を調べる

外部サイトなどに誘導できるカードと終了画面は、集客するうえで大きな役割を果たします。ここでは、YouTubeアナリティクスによってその効果を確かめる方法を解説します。

1 カードの効果を分析する

　カードと終了画面の設定方法はSec.32、33で解説しましたが、どれくらい効果が出ているかはアナリティクスの「エンゲージメント」タブから確認できます。

　それぞれのパフォーマンスを正確に把握して、自社サイトへの誘導を促進できるように改善していきましょう。

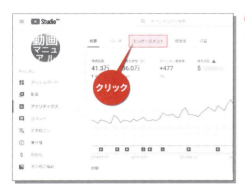

手順❶ YouTubeアナリティクスのトップ画面で＜エンゲージメント＞タブをクリックします。

手順❷ 「エンゲージメント」画面が表示されます。「上位のカード」の＜詳細＞をクリックします。

手順❸「カード」の詳細画面が表示されます。以下に、それぞれの要素の見方を解説していきます。

カード ▲	❶ カードのティーザーのクリック数 ▲	❷ カードティーザー表示1回あたりのクリック数 ▲	❸ カードのクリック数 ↓▲	❹ カード表示1回あたりのクリック数 ▲
合計	281 100.0%	0.5%	50 100%	8.9%
iMovieでビデオ編集　会社のロゴを入れる方法	9 3.2%	0.7%	9 18%	34.6%
LINE 使い方	39 13.9%	0.5%	5 10%	6.8%
この動画の感想をお聞かせください	0 0.0%	–	3 6%	75.0%
店舗経営者向け集客動画のシナリオ	14 5.0%	1.4%	3 6%	16.7%
動画マニュアル、ヘルプデスクに動画を活用しよう　WebDemo	40 14.2%	0.4%	2 4%	2.9%
iMovieの使い方　macで動画を作る基本操作	12 4.3%	0.4%	2 4%	8.3%
アニメチモ	2 0.7%	0.9%	2 4%	100.0%
ビジネスアニメーション制作ツール VYOND	2 0.7%	1.0%	2 4%	40.0%
日本一のHow to 動画ポータル	1 0.4%	6.7%	2 4%	200.0%

2 「カード」画面の見方

①カードのティーザーのクリック数

　ティーザーとは、動画の右上に表示される小さな長方形のボックスです。ティーザー内には短いテキストを入れることができ、クリックされることでカードが表示されます。いわば、カードによる誘導の「入口」にあたる部分といえます。このチャンネルでは、もっとも高いクリック数は40、動画を視聴した人の14.2%がティーザーをクリックしています。この動画では、ヘルプデスクとして活用できる動画作成ソフトを紹介したうえで、ティーザーに「詳細はこちら」というテキストを入れました。

②カード ティーザー表示1回あたりのクリック数

　上記でわかることですが、目を引くテキストを入れたからクリック数が増えるわけではありません。あくまで力を入れるべきは動画の内容であり、カードは「動画の続きを知りたい」と考えてくれた視聴者への提案のようなものです。

③カードのクリック数

　カードのクリック数を向上させるうえで、重要なのはタイミングです。視聴者維持率の低い場面でカードを出すのではなく、高い場面で出すなどの工夫を心がけましょう。

④カード表示1回あたりのクリック数

こちらは、ティーザーをクリックしたあとのユーザーの行動（カードのクリック数）がわかるデータです。もちろん100%が理想ですが、コントロールしづらい数字であるため、あくまで参考程度に確認しましょう。

3 終了画面の見方

P.161手順❷の画面に表示される「終了画面で人気の動画」の＜詳細＞をクリックすると、終了画面に関するデータが確認できます。

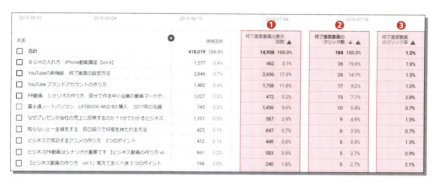

①終了画面要素の表示回数

終了画面が表示された回数です。特にガジェット系を紹介する動画の場合など、別の比較動画を見るために終了画面まで表示される率が高い傾向にあります。

②終了画面要素のクリック数

こちらも①同様、同じテーマを別の角度で分析しているなど、その動画に関連した終了画面を適切に設定している場合に数が伸びる傾向にあります。

③終了画面要素のクリック率

こちらも①②と同様です。筆者の場合、iPhoneで動画をつくるためのシリーズ動画のクリック率が特に高くなっていました。

COLUMN
クリエイターズアカデミーを活用しよう

　ここまで、YouTubeに関する基本的な知識は一通り確認してきましたが、きちんと理解が深まっているか試したいという人は「クリエイターズアカデミー」（https://creatoracademy.youtube.com）のテストを受けてみてもよいでしょう。クリエイターズアカデミーとは、YouTubeチャンネルを持つすべての人に役立つ情報を発信しているページです。YouTubeを運営するうえで必要な知識をどれくらい有しているかのテストやレッスンを受けることもできるほか、トップクリエイターのインタビュー動画なども視聴できます。レッスンにはさまざまな種類があり、本書で学んだようなYouTubeへの動画投稿やチャンネル運営に関する知識だけでなく、継続するための健康管理法といったものもあります。

　長くYouTubeを続けたいのであれば、一度アクセスしてみて損はないはずです。

第7章

スマホからYouTubeを管理する

Section63	YouTube Studio アプリを準備する
Section64	YouTube アナリティクスを確認する
Section65	コメントを管理する
Section66	再生リストを管理する
Section67	出先で投稿動画の情報を編集する

第7章 スマホからYouTubeを管理する

YouTube Studio
アプリを準備する

63

YouTubeで動画を管理するうえで重要なYouTube Studioは、スマホアプリとしても無料でリリースされています。パソコンのない外出先などでも、手軽に動画を管理できます。ここではiOSを例に、そのインストール方法を解説します。

1 YouTube Studioアプリをインストールする

手順① iPhoneの場合は＜App Store＞をタップします。Androidの場合は、＜Playストア＞をタップしてインストールを行ってください。

手順② 画面右下の＜検索＞をタップし、「YouTube Studio」と入力します。入力途中でサジェストが表示されるので、その中の＜youtube studio＞をタップします。

手順❸ 「YouTube Studio」アプリが表示されます。＜入手＞をタップします。

手順❹ パスワードを入力するか、Face IDまたはTouch IDによってアカウント認証を行うと、インストールが開始されます。インストールが終了したら、＜開く＞をタップします。

手順❺ 「YouTube Studio」アプリが起動します。画面下部の＜使ってみる＞をタップします。

手順❻ ＜ログイン＞をタップして、自分のチャンネルに登録しているメールアドレスとパスワードを入力したら、使用が開始できます。

第7章 スマホからYouTubeを管理する

64 YouTubeアナリティクスを確認する

YouTube Studioアプリでもアナリティクスを確認できます。それぞれの画面の見方や指標の意味するところはパソコン版のアナリティクスと概ね同じなので、ここでは該当する画面へのアクセス方法を解説していきます。

1 アナリティクスで分析する

手順① YouTube Studioアプリを起動して、左上のハンバーガーメニューをタップします。

手順② パソコン版のYouTube Studioと同じように、このメニューから各機能を表示することができます。＜アナリティクス＞をタップします。

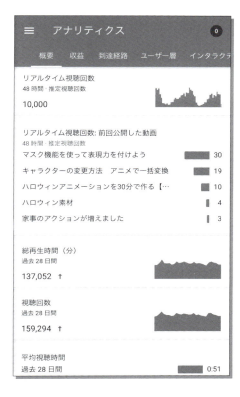

手順❸「アナリティクス」画面が表示されます。この画面で確認できるのは、「概要」、「到達経路（トラフィックソース）」、「ユーザー層」、「インタラクティブなコンテンツ（カードとアノテーションのクリック数）」、「再生リスト」という5種類の統計データです。
上部のタブをタップすると画面を移動でき、各データをタップすると、詳細情報を確認できます。

POINT 期間を指定する

デフォルトでは過去48時間、あるいは過去28日間のデータが表示されていますが、これらの期間を変更することができます。まず変更したいデータをタップし、期間が表示されているメニューバーをタップすると、さまざまな期間が表示され、好きなものを選ぶことができます。

第7章 スマホからYouTubeを管理する

65 コメントを管理する

ここではYouTube Studioアプリ内でコメントを管理する方法を解説します。アプリを使用することで、コメントに対する返信やいいね！マークを付けるといった作業が、移動中などにかんたんに行えます。

1 コメントに返信する

手順① P.168手順❷の画面で＜コメント＞をタップします。

手順② コメントの一覧が新着順に表示されます。コメントに返信する場合は、返信したいコメントの下にあるマークの中からフキダシのマークを選んでタップします。

手順❸ コメントを入力して送信アイコンをタップすると、コメントが送信されます。同じ画面でいいね！マークやLikeマークをタップすることも可能です。

2 コメントの削除／スパム報告をする

手順❶ 前ページ手順❷の画面で、編集・削除したいコメントの横にあるマークをタップします。

手順❷ ＜削除＞をタップするとコメントを削除できます。＜スパムとして報告＞をタップすると、「スパムとしてマーク済み」リンクに入れられ、非表示になります。＜ユーザーをチャンネルに表示しない＞をタップすると、すぐに非表示となります。

66 再生リストを管理する

再生リストにすぐアクセスできるのも、YouTube Studioアプリの魅力です。パソコン版と比較するとできることは少し限られますが、リストの並べ替えや編集がスムーズに行えます。

1 再生リストを表示する

手順❶ P.168手順❷の画面で＜再生リスト＞をタップします。

手順❷ 「再生リスト」画面が表示されます。

2 再生リストを並べ替える

手順① 「再生リスト」画面で右上にあるマークをタップします。

手順② 「作成時間」、「最後に追加した動画」のどちらかをタップすると、再生リストを並べ替えることができます。

3 再生リストを編集する

手順① 上記手順①の画面で、編集したい再生リストのサムネイルをタップし、画面右上に並んだマークの中からペンのマークを選んでタップします。

手順② 動画リストの編集画面が表示されます。編集画面では、タイトルの変更、説明文の変更、リストの公開設定、並べ替え、削除が行えます。

第7章 スマホからYouTubeを管理する

67 出先で投稿動画の情報を編集する

YouTube Studioアプリでは、アップ済みの動画の情報や、設定を変更することもできます。ここでは例として、動画のサムネイルと、詳細設定を変更する方法を紹介します。

1 アップした動画のサムネイルを変更する

手順① P.168手順❷の画面で<動画>をタップします。

手順② アップロードした動画の一覧が表示されます。サムネイルを変更したい動画を選んでタップします。

手順❸ 画面右上に並んだマークの中からペンのマークを選んでタップします。

手順❹ ＜サムネイルを編集＞をタップします。

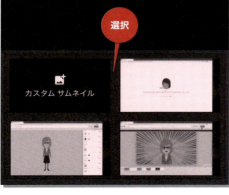

手順❺ 変更したいサムネイルを選択してタップします。なお、＜カスタム サムネイル＞をタップすると、カメラロールから好きな写真を選んで設定できます。

2 アップロードした動画の設定を変更する

手順① P.175手順④の画面で、歯車のマークをタップします。

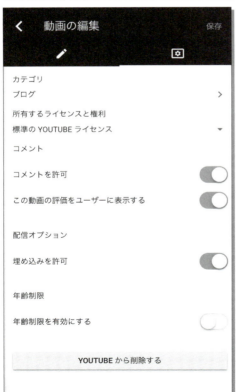

手順② カテゴリの変更、コメントの許可、動画の評価の表示／非表示、埋め込みの許可、年齢制限の設定、YouTubeから削除、などの操作を行うことができます。

YouTube動画の収益化

Section68	動画から広告収入を得るしくみ
Section69	収益化の条件と禁止事項を知る
Section70	収益化を設定する
Section71	収益の状況を確認する
COLUMN	広告収益が発生するまでにどれくらいかかる？

付録 YouTube動画の収益化

68 動画から広告収入を得るしくみ

動画投稿による集客とは直接関係ありませんが、再生回数やチャンネル登録者数が増えてきたら視野に入れたいのが、広告収入です。ここでは、動画から広告収入を得るしくみについて解説します。

1 広告収益のしくみ

　YouTubeにアップロードした動画に広告を入れると、そこから広告収入を得ることができます。これは「**YouTubeパートナープログラム**」と呼ばれるシステムです。このシステムを利用すると、Googleによる広告配信サービス「**Googleアドセンス**」と連携して、自分の動画に広告を表示することができます。広告は、1再生あたりいくら、クリックされたらいくら、という形で広告を設定した動画投稿者に収益が入るしくみになっています。

　ただし、チャンネルさえ作ればすぐに収益化できるわけではありません。かなりハードルの高い条件が求められるので、きちんと動画の投稿を継続し、もし条件を達成できていたら検討する、といった程度に考えておくのがよいでしょう。

条件を満たすことで、さまざまな種類の広告を設定することができます。

広告を設定できれば収益は手に入りますが、あまりにも広告を設定しすぎると敬遠されてしまうケースも多く、バランスを考慮することが大切です。

2 どのような広告が表示されるのか

　広告は、実際にどのように表示されるのでしょうか。一番イメージしやすいのは、**動画を再生すると冒頭に表示される動画広告**でしょう。この種類には「スキップ可能な動画広告」、「スキップ不可の動画広告」、そして最長6秒でスキップ不可の「バンパー広告」があります。広告はこれ以外にも、再生画面の下部に表示される「オーバーレイ広告」、再生画面の右側に常に表示される「ディスプレイ広告」などがあります。

広告の表示例です。再生画面の下側にオーバーレイ広告、右側にディスプレイ広告が表示されています。

179

付録 YouTube動画の収益化

69 収益化の条件と禁止事項を知る

すでに述べたように、収益化には条件があります。また禁止事項も定められており、違反すると広告配信を停止されたり、Google広告アカウントが無効にされたりします。より厳しい措置として、チャンネルを削除される可能性もあります。

1 収益化の条件

　YouTube広告で収益を受け取るには「YouTubeパートナープログラム」に参加することが必要になります。その条件として、以下の2点を満たさなければなりません。

①チャンネルの過去12か月間の総再生時間が4,000時間以上
②チャンネル登録者が1,000人以上

　いきなりこれだけの数字を突破するのは難しいです。本書でもたびたび強調している「継続」さえ心がければ、意外と達成できるものです。動画投稿にあたって、もっと具体的な目標が欲しいという方は、この条件を満たすことを目指してみてもよいでしょう。

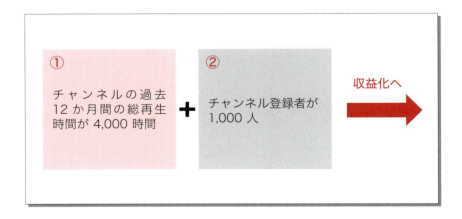

2 注意すべき禁止事項

　条件が満たされていたからといっても、禁止事項に抵触していると収益化の許可が下りません。また、収益化された後に抵触が発覚した場合は、広告配信が停止されるなどのペナルティーがあります。これらは単に金銭的な不利益という意味合い以上に、あなたの商品やサービスの信頼度を著しく下げることにもつながりかねません。以下に禁止事項の代表的な例をいくつか挙げますが、要するに「**全年齢対象でも問題のない、健全なコンテンツ**」をきちんと制作していれば、気に留めることはありません。

①不適切な表現

　冒涜的であったり下品であったりする表現をくり返しているコンテンツは広告掲載を控えましょう。もちろん、動画内の好ましい文脈に応じてそのような要素が出てくること自体はある程度許容されます。

②暴力

　理由もなく流血やケガといった暴力が前面に出ているコンテンツも、広告掲載には適していません。①以上に文脈に依拠しますが、芸術やドキュメンタリーなど、暴力の助長が目的でないコンテンツはその限りではないとみなされます。

③アダルトコンテンツ

　著しい性的表現も、広告掲載の対象とはなりません。ただし、性教育に関する動画など、わいせつさを煽る目的でない限りにおいて例外となります。そのほか、誹謗中傷などの不快な話題による、いわゆる「炎上目的」の動画も同様に対象外です。

④有害または危険な行為

　ドラッグなど、身体的、感情的に傷を与えるような危険な行為、またはそれを助長するようなコンテンツは広告掲載の対象外とされます。

付録 YouTube動画の収益化

収益化を設定する

収益化の条件を達成し、注意事項を念頭に置いたら、いよいよ設定に移ります。ここでは、収益化の設定方法を解説していきます。

1 収益化を有効にする

手順❶ YouTube Studioのトップ画面から＜その他の機能＞をクリックし、＜収益化＞をクリックします。

手順❷「収益化」画面が表示されます。「著作権侵害ステータス」と「コミュニティガイドライン違反ステータス」がともに良好であることを確認して、「収益受け取り」の＜有効にする＞をクリックします。

手順❸「収益受け取りプログラム」画面が表示されます。「YouTubeパートナー プログラムの利用規約を読み、内容に同意します」の右にある＜開始＞をクリックします。

手順❹「YouTubeパートナー プログラム規定」の文言が表示されます。チェックボックスをクリックしてチェックを付け、＜同意する＞をクリックします。

手順❺「AdSenseに申し込みます」の右にある＜開始＞をクリックします。

手順6 アドセンスの申し込み画面が表示されます。アドセンスについてのメールを受け取るかどうかを選択し、国と地域を選択します。

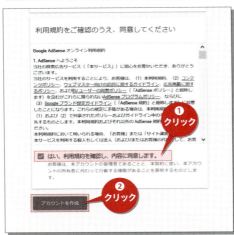

手順7 利用規約を確認し、＜はい、利用規約を確認し、内容に同意します。＞をクリックしてチェックを付け、＜アカウントを作成＞をクリックします。

手順8 アドセンスのアカウント作成画面が表示されます。名前や住所などを入力し、＜送信＞をクリックします。

手順❾ 「収益化の設定をします」の右にある＜開始＞をクリックします。

手順❿ チャンネルの条件を満たし、審査が通ると、収益化が有効になります。審査には数週間かかることもあるので、そのあいだも継続して動画の投稿を続けましょう。

🛑 POINT　収益化を待つまでに確認しておくべきこと

YouTubeの広告は、動画の属性やジャンルによって掲載されるコンテンツが違います。動画やチャンネルにマッチした広告が掲載されるためには、あなたのチャンネルがどのような動画を掲載しているのか、どのようなテーマの情報を発信しているのか、といったことが伝わりやすくすることが大切です。
具体的には、チャンネルのトップ画面で明確なテーマを打ち出すことのほか、動画のタイトルや説明文で適切なキーワードを入れるようにしましょう。

2 動画の収益化の設定をする

手順❶ YouTube Studioのトップ画面で、左下にある<設定>をクリックします。

手順❷ <アップロード動画のデフォルト設定>をクリックします。

手順❸ <収益化>をクリックして広告の種類を選択し、<保存>をクリックします。これで、動画のアップロード時に自動で収益化設定が行われるようになります。

付録 YouTube動画の収益化

71 収益の状況を確認する

収益の状況を確認することは、具体的な金額を知ることができると同時に、きちんと広告がクリックされているか、すなわち広告を見てでも自分の動画が見られているかということの確認にもなります。ここでは、その方法を解説します。

1 収益の状況を確認する

YouTubeでどのくらいの収益があるのかについては、「アナリティクス」から確認できます。期間を設定することで、短期的な収益と中長期的な収益トレンドといった情報も解析可能です。

ただし、こうした情報をスクリーンショットなどで一般に公開することはGoogleアドセンスの利用規約で禁じられています。**ブログなどで公開する際は金額等を具体的にせず、必ずぼかすようにしましょう。**

手順① YouTube Studioの「アナリティクス」画面で<収益>タブをクリックします。

手順② 「収益」画面が表示されます。<詳細>をクリックします。

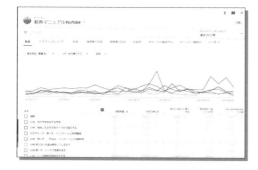

手順❸ 詳細画面が表示されます。月ごとの収益額の推移のほか、広告が多くクリックされている動画の一覧などもチェックできます。

2 広告タイプ別の収益を調べる

手順❶ 上記手順❸の画面で＜推定収益（動画別）＞のメニューをクリックして＜YouTube広告収益（広告タイプ別）＞をクリックします。

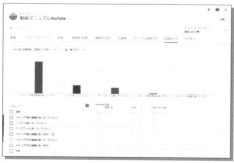

手順❷ 広告タイプ別のYouTube広告収益の棒グラフが表示されます。ここでは、「スキップ可能な動画広告」が圧倒的な収益を上げていることがわかります。このグラフを参考にしてどのような広告を設定するか考えてみるとよいでしょう。

COLUMN
広告収益が発生するまでにどれくらいかかる？

　YouTubeの広告収益の振り込みは月単位で行われます。どれくらいの広告がクリックされたか、といった情報をもとに1ヵ月間の見積もり収益額が集計され、翌月の初めに収益額が確定します。確定後は、支払い基準額である8,000円以上に到達していると、その月の21〜26日に支払いが行われます。

　それでは、収益化の条件をクリアしたあと、実際に8,000円以上の広告収入が得られるまで、どれくらいの時間がかかるのでしょうか。

　結論から記すと、最初から順調に収益を受け取れるわけではありません。もちろん個人差はありますが、最初の1〜2ヵ月くらいはほぼ収益はないと考えてよいでしょう。

　しかし、収益化まで動画を投稿しているということはすでに数多くの動画を投稿しているということであり、ちょっとしたきっかけさえあればコンスタントに万単位の収益を得ることは可能です。

　実際にやってみればわかるのですが、チャンネル登録者数や再生数を伸ばしていく努力はYouTube開始直後がいちばん大変で、そのあとは自動的とまではいわないまでも、かなり恒常的に再生数を維持することができます。筆者が本書でくり返している「継続」の意味もここにあるのです。

　YouTubeでの集客に加えて、安定した広告収入を得られるようになれば、それは立派なサイドビジネスといえるでしょう。

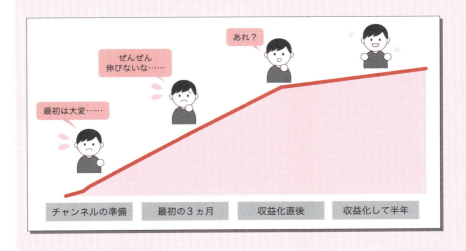

英数字

5G	10
ADSL 回線	33
AviUtl	33
BGM	60
EC サイト	37
Facebook	16, 137
Google アカウント	20
Google アドセンス	178
iMovie	33
OBS	104
PowerDirector	33
QR コード	140
SEO	69, 80
Storyblocks	41
TikTok	57
Twitter	16, 136
Web 集客	16
YouTube	10
YouTube Studio	72
YouTube Studio アプリ	166
YouTube Subscribe Button	135
YouTube アナリティクス	142
YouTube 広告	138
YouTube パートナープログラム	178

あ行

アカウント認証	29
アップロード	74
アップロード動画のデフォルト設定	101
アンケート	45
インタビュー	38
イントロ動画	41
インプレッション数	149
ウエストショット	52
エンゲージメント	150
エディタ	77, 91

炎上対策	124

か行

カード	87
外部リンク	93
カスタム URL	135
カスタムサムネイル	86
課題の提示	47
求人	39
虚偽の発信	49
禁止事項	181
クリエイターズアカデミー	164
クロージング	18
クロスディゾルブ（フェード）	57
限定公開	98
公開予約	99
広告収益	178
言葉のヒゲ	55
コミュニティ	44
コメント	44, 100

さ行

サービス業	35
再生リスト	116
撮影の基本	50
サムネイル	82
シェア	15
士業	38
自社サイト	16, 18
視聴者維持率	154
シナリオ	46
字幕	58
終了画面	90
紹介動画	118
肖像権	48
照明機材	33
ズームショット	52
ストック型	17

スマートフォン	32
セクション	120
説明文	78, 114
総再生時間	150

た行

滞在時間	132
タイトル	78
タグ	80
チャンネル	23, 106
チャンネルアート	110
チャンネル登録	23, 45, 123
著作権	48
デジタル一眼カメラ	32
デフォルト設定	101
店舗・物販	36
透過PNG	95
動画メモ	67
動画を報告	49
トラフィックソース	152
トランジション	56

な・は行

人気動画	120, 156
バストショット	52
バックアップ	69
ハッシュタグ	81
バナー	19
パブリシティー権	48
光回線	33
非公開	99
ビデオカメラ	32
誹謗中傷	49
評価数	101
フック	40
プライバシー権	48
ブラックアウト	57
ブランディング	94

ブランドアカウント	24, 25
フルショット	53
フロー型	17
ブログ	132
ブロッキング	57
プロフィールアイコン	112
分割法	53
ペルソナ	34
編集	76
編集ソフト	33
編集点	55
ホワイトアウト	57

ま・や行

マニュアル	42
見込み客	12
メールアドレス	115
メルマガ（メールマガジン）	137
ユーザー層	158
ユニーク視聴者数	149, 151

ら・わ行

ライティング	51
ライブ配信	102
リーチ	149
離脱率	40
ワイプ	57

索引

■著者略歴
川崎實智郎

株式会社ウェブデモ代表。2003 年より動画をビジネスに活用することを提案し、動画マニュアル制作ソフトウェア販売、教材動画、マニュアル動画の制作、コンサルティングを行う。2018 年には、US・GoAnimate, Inc. と販売契約を締結し、ビジネスアニメ作成ツール「Vyond」の販売を開始。パソコンのウェブブラウザから短時間で魅力的なプレゼンテーションアニメを生み出すことができるツールとして、業界を問わず高い支持を集めている。

● 編集／ DTP‥‥‥‥‥‥‥‥‥‥‥‥‥‥‥‥リンクアップ
● カバー／本文デザイン ‥‥‥‥‥‥‥‥‥萩原睦（志岐デザイン事務所）
● 担当 ‥‥‥‥‥‥‥‥‥‥‥‥‥‥‥‥‥‥石井亮輔（技術評論社）

■問い合わせについて
本書の内容に関するご質問は、FAX か書面、弊社お問い合わせフォームにて受け付けております。電話によるご質問、および本書に記載されている内容以外の事柄に関するご質問にはお答えできかねます。あらかじめご了承ください。

〒 162-0846
東京都新宿区市谷左内町 21-13
株式会社技術評論社　書籍編集部
「YouTube 集客の王道　〜売上に直結する「投稿」の基本と実践」質問係
FAX：03-3513-6183
お問い合わせフォーム：https://book.gihyo.jp/116

※ご質問の際に記載いただいた個人情報は、ご質問の返答以外の目的には使用いたしません。
　また、ご質問の返答後は速やかに破棄させていただきます。

YouTube 集客の王道　〜売上に直結する「投稿」の基本と実践

2019 年 12 月 20 日　初版　第 1 刷発行
2020 年 9 月 1 日　初版　第 3 刷発行

著者　　　川﨑實智郎／リンクアップ
発行者　　片岡 巌
発行所　　株式会社技術評論社
　　　　　東京都新宿区市谷左内町 21-13
　　　　　電話：03-3513-6150　販売促進部
　　　　　　　　03-3513-6166　書籍編集部
印刷／製本　日経印刷株式会社
定価はカバーに表示してあります。

本書の一部または全部を著作権法の定める範囲を越え、
無断で複写、複製、転載、テープ化、ファイルに落とすことを禁じます。

©2019　川﨑實智郎、リンクアップ

造本には細心の注意を払っておりますが、万一、乱丁（ページの乱れ）や落丁（ページの抜け）がございましたら、小社販売促進部までお送りください。送料小社負担にてお取り替えいたします。

ISBN978-4-297-11003-1 C3055

Printed in Japan